（親切ガイドで迷わない）

統計学

高橋 麻奈
Mana Takahashi

技術評論社

はじめに

　今、社会において統計の知識は必要不可欠なものとなっています。

　みなさまの中には統計を使ったレポートを作成しなければならなくなった方もいらっしゃることでしょう。社会の一員として統計データを読み解く必要に直面する機会もあります。

　だけど統計は難しい……。計算は苦手。コンピュータを使う必要もあるらしい。そもそもどんなふうにデータを見ていけばよいのか。膨大なデータを前に、迷われてしまう方も多いかもしれません。

　本書は、中学・高校で教えられている簡単な統計からはじまり、大学・社会において求められる統計の力を身につけるための本です。計算式はもちろん、簡単に結果を確認できるようにコンピュータの扱い方も紹介しています。一つ一つ手順を追うことで、統計の基礎と応用を確実に学んでいくことができるでしょう。

　また、本書の特色として、初学者が迷わないように親切なガイドをふんだんに入れてあります。ガイドを頼りに、ぜひ最後まで読み通してください。ガイド役はミューさん・シグマさんの双子です。

　本書がみなさまのお役に立つことを願っております。

高橋 麻奈

もくじ

第1章 統計データはどうやってみるの？
～統計学の考え方のキホン

- 1.1 統計を考えるとどんないいことがあるの? ———— 6
- 1.2 統計データってどういうもの? 〜データ ———— 8
- 1.3 データをまとめてみよう 〜度数分布 ———— 12
- 1.4 データの特徴を考えてみよう 〜平均 ———— 18
- 1.5 データの散らばりを考えてみよう 〜分散 ———— 23
- 1.6 散らばりをグラフに記録してみよう 〜標準偏差 ———— 30
- 1.7 分布のしかたについて考えてみよう 〜分布 ———— 33
- 1.8 標準化して考えよう 〜標準化 ———— 45

第2章 データから関係をみつけだそう
～相関・回帰

- 2.1 データの関係を図示してみよう 〜散布図 ———— 50
- 2.2 関係の強さはどうやってあらわす? 〜相関 ———— 53
- 2.3 関係の強さを数値であらわそう 〜相関係数・共分散 ———— 56
- 2.4 データをほかのデータで説明してみよう 〜回帰 ———— 64
- 2.5 重回帰に挑戦しよう 〜重回帰 ———— 76

第3章 サンプルから考えよう
～推測

- 3.1 サンプルを調べよう 〜母集団と標本サンプル ———— 82
- 3.2 サンプルから推定しよう 〜推定 ———— 86

3.3 幅を取って考えよう 〜区間推定 ———————————— 91
3.4 区間推定をやってみよう ———————————————— 99
3.5 実践で使ってみよう 〜標本だけで推測するには？ ————— 103
3.6 正規分布でない場合は？ 〜標本数が多ければ近似できる ——— 114
3.7 比率を推定してみよう ———————————————— 116

第4章 違いがあるか、慎重に考えよう 〜検定

4.1 母集団についてどんなことがいえる？ 〜仮説検定 ————— 124
4.2 仮説検定してみよう 〜平均の検定 ——————————— 130
4.3 棄却域を考えよう 〜両側検定と片側検定 ————————— 137
4.4 2つのグループを考えよう 〜平均の差の検定 ——————— 145

第5章 統計はどうやって応用するの？ 〜応用のしかた

5.1 統計を実践していこう ———————————————— 156
5.2 散らばりの推定・検定をしよう 〜分散の推定・検定 ———— 164
5.3 適合するか検定しよう ———————————————— 182
5.4 散らばりの大きさで確かめよう 〜分散分析 ———————— 194

●理解度確認！：解答 ———————————————————— 204

付録 ———————————————————————————— 211
索引 ———————————————————————————— 219

第1章

統計データはどうやってみるの？
〜統計学の考え方のキホン

統計はどんなときに使われるのでしょうか。
統計データはどんなふうにみていけばいいのでしょうか。
この章では統計データの見方・整理の仕方・各種指標の
計算方法についてみていきましょう。

1.1 統計を考えるとどんないいことがあるの？

●統計はどんな時に使うの？

　たとえば会社の売上を伸ばしたいとき、また社内に蓄積するデータから隠された事実を読みときたいとき、私たちには何ができるでしょうか。各店舗の売上はどうなっているのでしょうか。広告を投入することによって売上に違いが出るものでしょうか。こうした数々の疑問に答え、適切な対応を行っていくために、統計を利用することができます。

　たとえば果物の栽培……りんごを栽培する業務について考えてみてください。収穫される果物の重量がどうなっているか、樹木によって重量に違いがあるのか……。こうしたことを探るためにりんごの重量データを調査すれば、どのようにりんごを栽培していったらよいのかについて、何か傾向を掴むことができそうです。私たちはこうした数々の目的や意識をもって、データを集め、整理し、分析していくことになります。

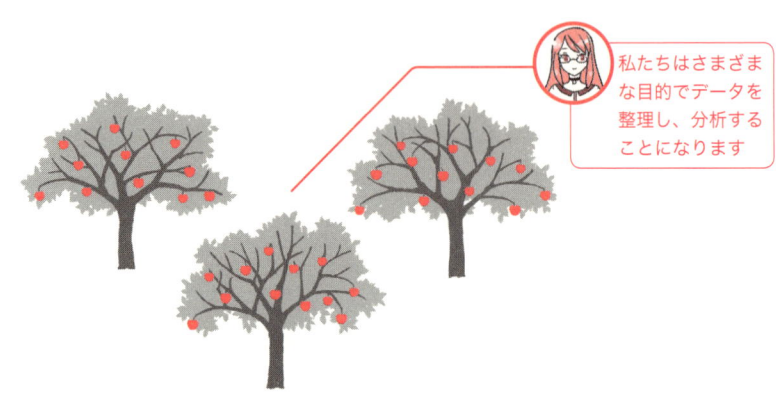

私たちはさまざまな目的でデータを整理し、分析することになります

▲データを整理して分析する

● データから推測することもできる

統計を利用する場合は、もっと大きな対象をとらえる場合もあります。たとえば日本で収穫されるりんごの重量、世界全体で収穫されるりんごの重量……このとき、統計では一部のデータを調べることで、全体について推測をする方法が考えられています。一部のりんごのデータを調べることでりんご栽培の全体の傾向について述べるのです。

統計ではこうした事例に応用できる各種の手法を学びます。これから統計を学んでいきましょう。

▲データから大規模な集団について推測できる

 **Column／記述統計と推測統計**

統計では、果樹園で収穫されるりんごの重量や、日本における果物消費量といった大規模な集団を対象にします。ただし費用や時間の面から常にすべてのデータを調査・記録できるわけではありません。

すべてのデータを記録できない場合には、集団から適切な方法でサンプルを取り出してデータを記録し、そのデータから集団全体について考えていくことが必要になります。

すべてのデータを記録しない方法は**推測統計**と呼ばれています。またすべてのデータを記録する場合は**記述統計**と呼ばれています。この本では1章・2章で記述統計を学びます。3章以降は推測統計について学んでいきます。

1.2 統計データってどういうもの？〜データ

●どんなデータがあるんだろう？

　この章では手始めに、統計データがどんなものであるのかについてみていきましょう。私たちがりんごに関するデータについて調べようとするとき、どんなデータを調べようとするでしょうか？　たとえば次のようにりんご1個ずつの重量データを調査することができるでしょう。

- りんご1 …… 160グラム
- りんご2 …… 220グラム

　1つのりんごについて重量という1つの項目を調べていくわけです。
　1つの対象についていくつもの項目を調査することもあります。今度は重量データのほかに大きさのサイズデータも記録してみることにします。次のサイズを記録することができるかもしれません。

- りんご1 …… 160グラム、Sサイズ
- りんご2 …… 220グラム、Mサイズ

●データの項目の数を考えてみよう

　統計ではこうしたデータをどのように扱っていくのでしょうか。まずはこうしたデータの整理方法について紹介しておきましょう。

■一次元データ

　1つの個体について項目が1個であるデータを**一次元データ**といいます。りんごの重量データは1つの項目として考えることができます。

番号	重量（グラム）
1	170
2	153
3	128
4	212
5	137
…	…

項目は1つです

■二次元データ

1つの個体について項目が2個あるデータを**二次元データ**といいます。重量データに加えてサイズを調べたときには2つの項目になりますから、二次元データとして整理できるでしょう。

番号	重量（グラム）	サイズ
1	170	M
2	153	M
3	128	S
4	212	L
5	137	S
…	…	…

項目は2つです

■多次元データ

さらに多くのデータを調べることもできます。重量・サイズに加えてりんごの糖度について調べるときには、3つの項目についてデータを整理することができます。1つの対象について項目が複数存在するデータを**多次元データ**といいます。

番号	重量（グラム）	サイズ	糖度（度）
1	170	M	12.1
2	153	M	13.3
3	128	S	12.8
4	212	L	13.4
5	137	S	13.6
…	…	…	…

項目が複数あります

Column / データの整理方法

最も簡単なデータの整理方法として、PCの表計算ソフトを使う方法があります。中でもMicrosoft社の表計算ソフトExcelはデータの整理によく使われています。データはこうしたツールに入力して整理しておきましょう。

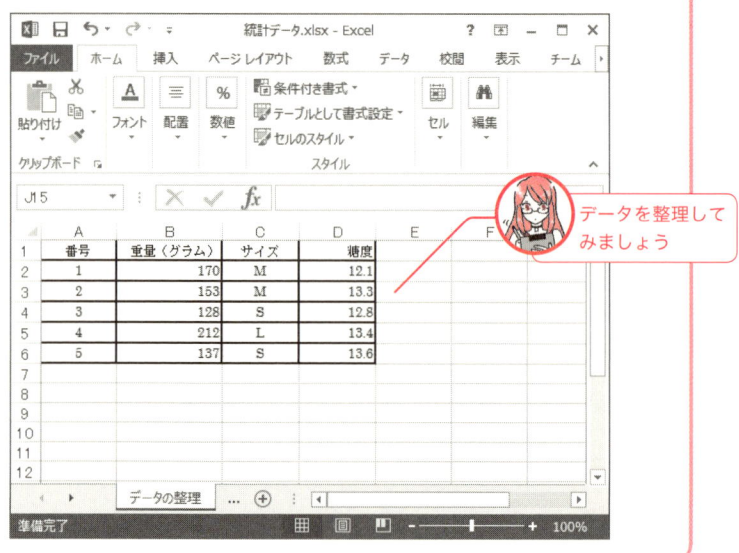

データを整理してみましょう

●データの値はどうなっているの？

■量的データ

データにはどんな種類があるのでしょうか。りんごの重量データは秤に乗せて170グラム、153グラム…と重量を計測します。このように数値を計測して記録するデータを**量的データ**といいます。りんごの木の高さ3.5 m、2.8 m…などといったデータを記録する場合も量的データになります。

170グラム、153グラム、128グラム…

量的データです

■質的データ

　数値として計測するのではなく、分類や段階としてあらわすデータもあります。たとえばサイズをあらわすS、M、Lというデータは大きさの分類をあらわすデータです。このような分類・段階をあらわすデータを**質的データ**といいます。合格・不合格というデータ、良品・不良品というデータも質的データと考えられます。

質的データです

Column／まだまだあるデータの分類方法

データはさまざまな側面からとらえることができます。たとえばりんごの樹高や人間の身長のように途切れのないさまざまな値をとるデータを**連続データ**といいます。
またりんごの収穫数のように、1個、2個…というとびとびの値をとる場合もあります。このようなデータは**離散データ**と呼ばれます。このようなデータの違いによって統計データとしての取扱い方が異なる場合もありますので、おぼえておきましょう。

理解度確認！(1.2)

次のデータを①量的データと②質的データに分類せよ。

1) 50人の生徒の体重データ
2) 50人の生徒の性別データ

（解答は p.204）

1.3 データをまとめてみよう
～度数分布

●度数分布表に記録してみよう

　それでは実際に調査したデータはどのように扱っていけばよいでしょうか？　この節ではさらにデータの整理の仕方をみていきましょう。たとえば次の表のように20個のりんごに番号をふって、重量データを記録したとします。

番号	重量（グラム）	番号	重量（グラム）
1	173	11	195
2	153	12	232
3	128	13	187
4	212	14	202
5	137	15	167
6	143	16	221
7	197	17	197
8	220	18	216
9	184	19	235
10	205	20	176

▲りんごの重量データ

　統計データの整理方法としてよく使われる方法に、ある区間にあらわれるデータの個数を記録する方法があります。
　たとえば重量について200〜210グラム、210〜220グラム…という区間を設定しておき、この区間にあらわれる重量データの個数を表に記録するのです。この表を**度数分布表**といいます。

1.3 データをまとめてみよう〜度数分布

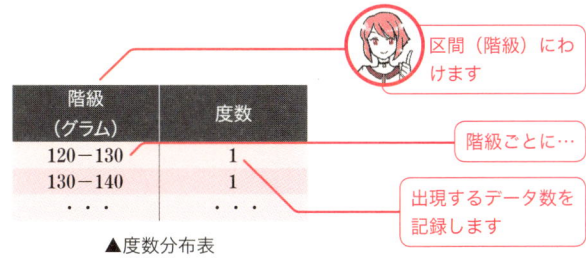

▲度数分布表

各区間を**階級**といいます。各階級に属するデータの個数を**度数**といいます。

各階級の区間の幅を**階級幅**といいます。一般的に階級幅としては区切りのよい数値が使われます。たとえばここでは階級幅として10グラムごとに階級をとっています。

また階級を代表する値は**階級値**と呼ばれます。一般的には階級値には階級の中央となる値を使います。たとえば階級が120〜130の場合は、一般的に125が階級値とされます。

例題 前ページのりんごの重量データについて、度数分布表を作成せよ。

解答 階級を決め、区間ごとに度数を記録してみましょう。

階級(グラム)	度数
120−130	1
130−140	1
140−150	1
150−160	1
160−170	1
170−180	2
180−190	2
190−200	3
200−210	2
210−220	2
220−230	2
230−240	2

他のデータでも度数分布表を作成してみましょう。

練習
20本のりんごの木から収穫されたりんごの収穫数（個数）について、度数分布表を作成せよ。

番号	個数	番号	個数
1	565	11	399
2	518	12	603
3	562	13	642
4	603	14	589
5	344	15	344
6	442	16	411
7	329	17	469
8	686	18	425
9	574	19	528
10	652	20	475

▲りんごの個数データ

解答
階級を決めた上でその階級にあらわれるデータ数を集計します。ここでは次のように集計してみました。

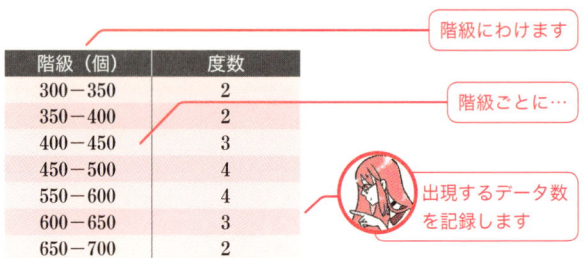

階級（個）	度数
300－350	2
350－400	2
400－450	3
450－500	4
550－600	4
600－650	3
650－700	2

●ヒストグラムで視覚化しよう

データの集計ができたでしょうか。ただし度数分布表のように数字を記録した表のままでは、調査対象全体がどのような姿をしているのか、見当がつきにくいかもしれません。そこで度数分布表をもとにして、グ

1.3 データをまとめてみよう〜度数分布

ラフを作成することが行われています。このグラフでは横軸に階級または階級値を、縦軸に度数をとって作成します。これを**ヒストグラム**といいます。

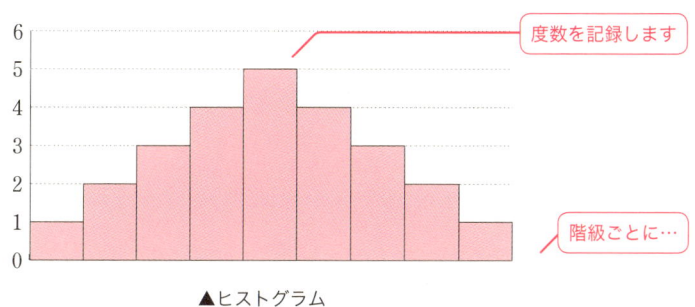
▲ヒストグラム

ヒストグラムは横軸に階級を、縦軸に度数をとって描画します。

例題 りんご重量データ（12ページ）について、ヒストグラムを作成せよ。

解答 13ページの度数分布表から作成します。横軸に階級をとり、縦軸に度数を記録します。ここでは横軸に10グラムごとの階級をとり、縦軸に度数を記録します。ヒストグラムを使えば、度数分布表を視覚的なイメージとしてあらわすことができます。

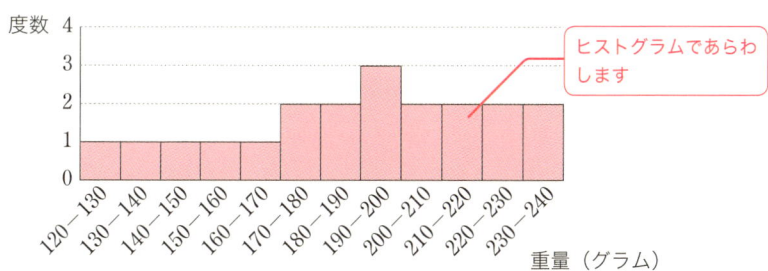

練習

りんごの個数データの度数分布表（14 ページ）からヒストグラムを作成せよ。

解答

Excel などの表計算ソフトには、入力したデータからグラフを作成する機能が存在します。ここではワークシートに度数分布表を入力し、グラフ機能を使ってヒストグラムを作成しています。

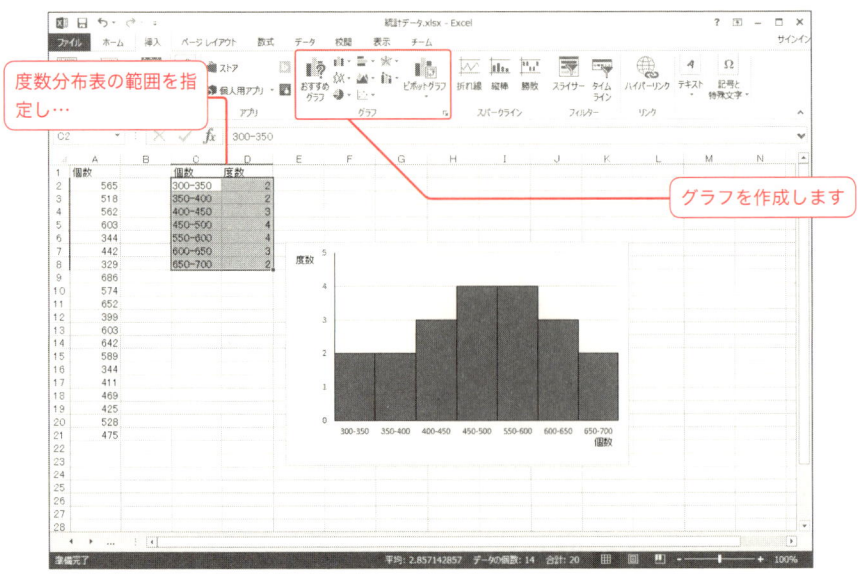

1.3 データをまとめてみよう〜度数分布

ここでは下記のグラフを作成しましたが、表計算ソフトのグラフは視覚的に他にもさまざまなヒストグラムを作成することが可能です。くわしくは表計算ソフトの使い方を学習してみてください。

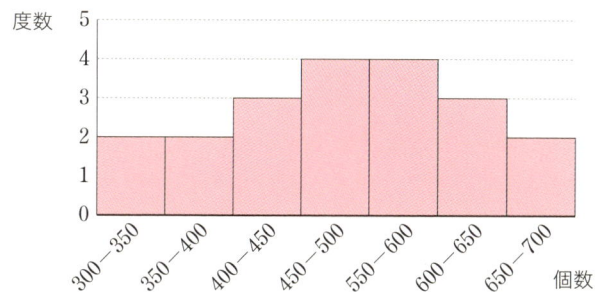

理解度確認！(1.3)

20人のクラスで数学のテストを実施したところ、点数は次のようであった。

出席番号	点数	出席番号	点数
1	78	11	61
2	65	12	77
3	63	13	62
4	47	14	68
5	63	15	73
6	52	16	82
7	89	17	65
8	92	18	59
9	74	19	87
10	58	20	68

▲数学テストの点数

1) 度数分布表を作成せよ。
2) ヒストグラムを作成せよ。

（解答は p.204）

1.4 データの特徴を考えてみよう〜平均

●「真ん中」について考える

さて、調査対象全体の特徴をあらわすためにはどうすればいいでしょうか？ 収穫されたりんごの重量はおおよそどのくらいと考えられるのでしょうか。対象の特徴をあらわすためには、調査対象データの代表的な値を考えると便利です。そこで調査対象データの「真ん中」をあらわす指標について考えることにします。

このような調査対象データをあらわす代表値として次の指標があります。

■中央値

すべてのデータを並べたときに中央となる値を**中央値（メディアン）**といいます。

たとえば、5個のデータが8、10、12、13、18である場合には、データを順に並べた場合の中央の値である12が中央値となります。なお、データが偶数個の場合は中央に並ぶ2つの値を足して2で割って求めます。

$$8、10、\underline{12}、13、18$$

中央値です

■最頻値

データのうち、最も登場回数の多いデータ、つまり頻度の高いデータを**最頻値（モード）**といいます。たとえばデータが2、3、3、4、7、7、7、8である場合には、データが3個ある7が最頻値となります。

$$2、3、3、4、\underline{7、7、7}、8$$

最頻値です

1.4 データの特徴を考えてみよう〜平均

■平均

代表値のうち特に**平均（平均値、ミーン）**は重要です。平均は一般的にもよく用いられる「真ん中」をあらわす指標です。平均は全てのデータの値を足し合わせ、データの個数で割ります。

$$\text{平均} = \frac{\text{データ}_1 + \text{データ}_2 + \cdots + \text{データ}_{n-1} + \text{データ}_n}{\text{データの個数}}$$

たとえばりんご重量データで計算してみましょう。

例題 りんごの重量データ（12ページ）について、平均を求めよ。

解答 平均は次のように計算することができます。

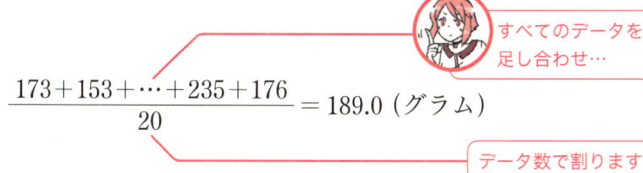

$$\frac{173 + 153 + \cdots + 235 + 176}{20} = 189.0 \,(\text{グラム})$$

Column／四分位数

このほかにも分布の代表値となる概念があります。中央値でデータ全体を2つの部分にわけたときに、分割したデータの中でさらに中央値となる値を**四分位数**（四分位点）といいます。小さいほうのデータの中央値は**第一四分位数**と呼ばれ、大きいほうのデータの中央値は**第三四分位数**と呼ばれます。なお第二四分位数は中央値です。

次のように最小値・最大値・第一四分位数・中央値・第三四分位数を次のように表記した図を**箱ヒゲ図**といいます。こうした図は大学入試（センター試験）などでも出題されています。統計を扱う人にとって基本事項ともいえるでしょう。

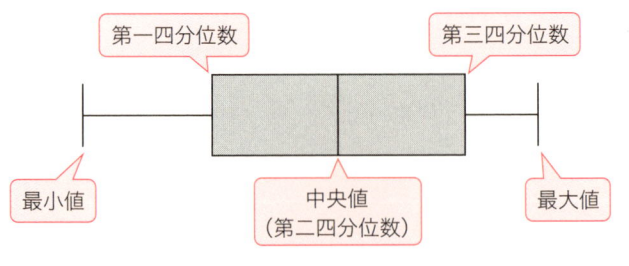

●平均をあらわしてみよう

ここで平均を数式であらわす方法も学んでおきましょう。個々のデータの値を $x_1, x_2, \cdots, x_n$ とすれば、平均 $\bar{x}$ は次のような式であらわすことができます。なお n はデータ数です。

$$\bar{x} = \frac{x_1 + x_2 + \cdots + x_n}{n}$$

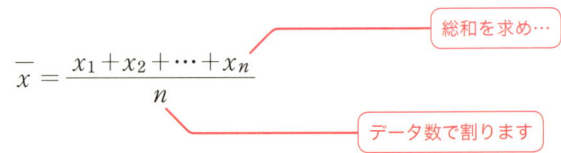

すべてを足し合わせることを総和ともいいます。総和をあらわす記号 Σ（シグマ）を使うと、この式はもっと簡単に次のように書くこともできます。

1.4 データの特徴を考えてみよう〜平均

平均

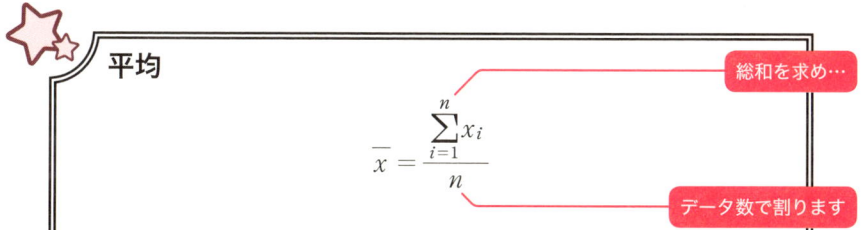

総和を求め…

$$\overline{x} = \frac{\sum_{i=1}^{n} x_i}{n}$$

データ数で割ります

Column / Excelで代表値を計算してみよう

Excelでは次のような関数の( )内にデータの入力範囲を指定して指標を計算します。中央値や最頻値はりんごの個数などのとびとびの値をとる離散データを扱う際によく使われます。

内容	関数
中央値	MEDIAN(範囲)
最頻値	MODE(範囲)
平均	AVERAGE(範囲)
四分位数	QUARTILE(範囲,数値) 0 最小値 1 第一四分位数 2 中央値 3 第三四分位数 4 最大値
最大値	MAX(範囲)
最小値	MIN(範囲)

▲ Excelの関数（代表値に関する指標）

範囲を指定し…

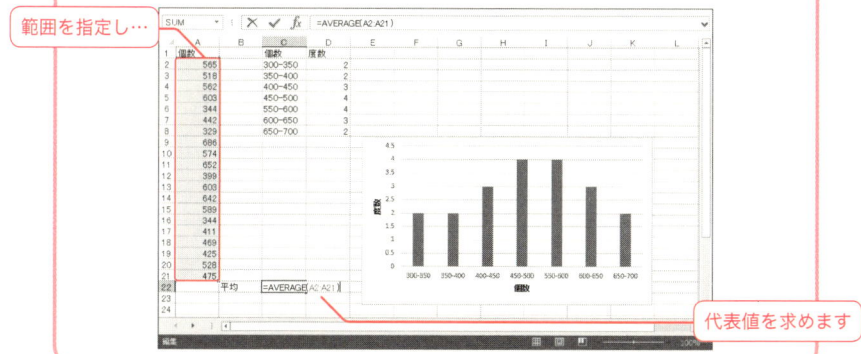

代表値を求めます

1 統計データはどうやってみるの？〜統計学の考え方のキホン

りんごの個数データ（14ページ）の平均を求めよ。

 データの値をすべて足し合わせ、データ数で割ります。

$$\frac{565+518+\cdots+528+475}{20} = 508 \,(個)$$

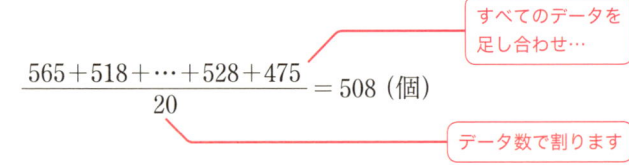

 *Column* ／ 平均は本当に「真ん中」？

「真ん中」をあらわす指標には注意をする必要があります。たとえば給与所得や貯蓄などのデータを調査してみると、調査対象中のデータのうちの多数が平均より低いデータとなることが知られています。つまり最頻値が平均値よりも小さくなるのです。これは一部の高い値によって平均が押し上げられるためです。平均が常に直観的な感覚としての「真ん中」をあらわすわけではないことに注意しておいてください。

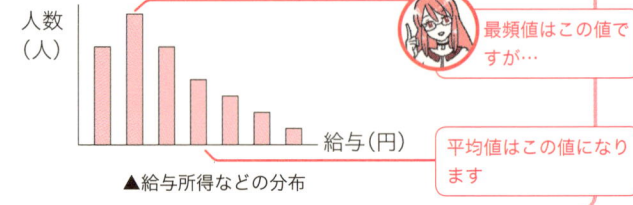

▲給与所得などの分布

 理解度確認！(1.4)

1) 数学テストのデータ（17ページ）について、中央値を求めよ。
2) 数学テストのデータ（17ページ）について、平均を求めよ。

（解答は p.204）

1.5 データの散らばりを考えてみよう〜分散

●平均が同じでも何か違う…？

いくつかの集団の平均が同じだったとしても、それらの集団の様子が同じものであるとはいえません。たとえば2つの果樹園のりんごの重量を調べ、次のヒストグラムが描けるならば、2つの果樹園は同じ平均です。しかし、この果樹園が同じ傾向をもつ集団とはいえないでしょう。左の集団のデータは平均のまわりの狭い範囲におさまっていますが、右の集団のデータは広い範囲に散らばり、ばらついています。

このような2つの集団は、データの散らばり・ばらつき方が違っていることになります。

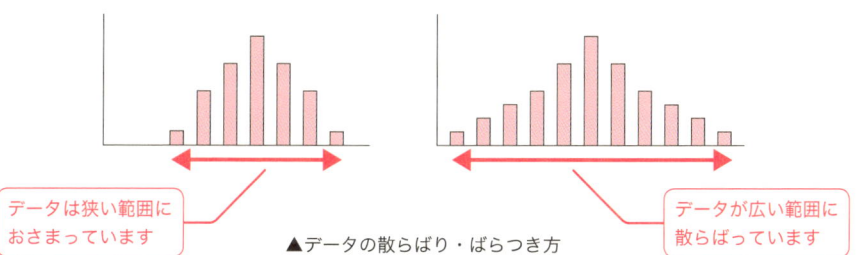

▲データの散らばり・ばらつき方

それではこうしたデータの散らばり方をどうやってあらわしたらいいのでしょうか？ この節ではデータの散らばり方をあらわす指標を学んでみましょう。

●範囲で散らばりを考える

1つの考え方として**範囲**を考える方法があります。範囲は**レンジ**とも呼ばれる概念です。範囲はグループ内の一番大きい値と一番小さい値の差となっています。

範囲

範囲 ＝ 最大値 － 最小値

最大値と最小値の差です

　たとえば最大値が38、最小値が7の場合、範囲は38－7＝31となります。他のデータはこの間の値をとることになるわけです。

　一般的に範囲が大きければばらつきが大きく、小さければばらつきが小さいと考えられるでしょう。ただし、突出して大きいデータや小さいデータがあらわれたとき、範囲はあまりよい散らばりの指標とはいえなくなります。

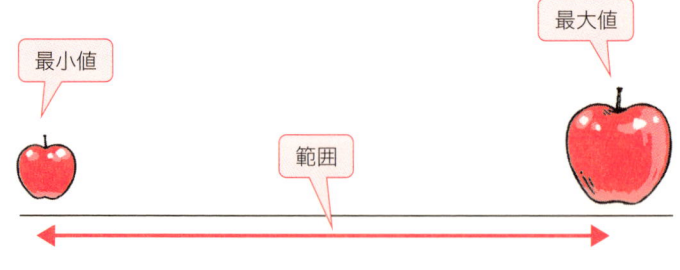

▲範囲
最大値 － 最小値を範囲といいます。

●平均からの散らばりで考えてみよう

　もう1つ、平均からの散らばりで考える方法について知っておきましょう。今度は各データが平均からどのくらい離れているかについて調べ、その離れ方の平均をとることを考えるのです。このためにまず次の値を考えます。

■偏差

まず各データと平均との差を考えます。これを**偏差**といいます。

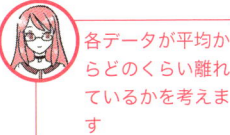

$$偏差 = データ - 平均$$

偏差をd、データをx_i、平均を$\bar{x}$とすれば、偏差は次の式であらわすことができるでしょう。

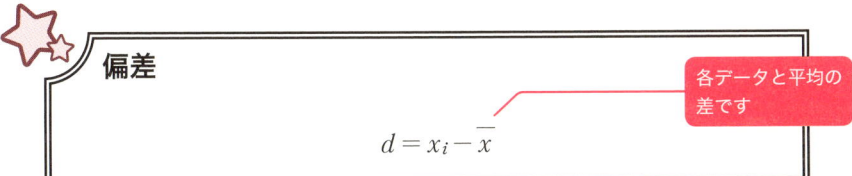

偏差

$$d = x_i - \bar{x}$$

各データと平均の差です

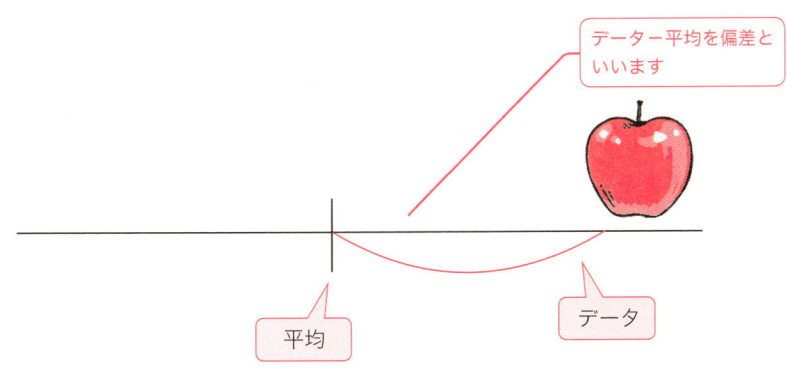

▲偏差
データ − 平均を偏差といいます。

データ − 平均、つまり各データの平均からの距離を考えるわけです。

ただし偏差はデータの値によって負の値と正の値があることに注意してください。データの値が平均より大きい場合に偏差は正ですが、データの場合が平均より小さい場合には偏差は負となります。

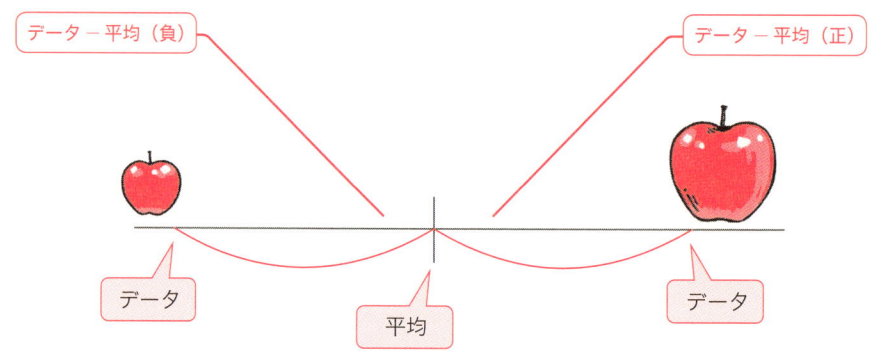

▲偏差の符号
偏差は正の場合と負の場合があります。

データの正負にかかわらず計算するために、まず偏差を二乗しておくことにしましょう。偏差の二乗をとれば、すべて正の値になるからです。そして今後はこの偏差の二乗の平均を考えることにします。

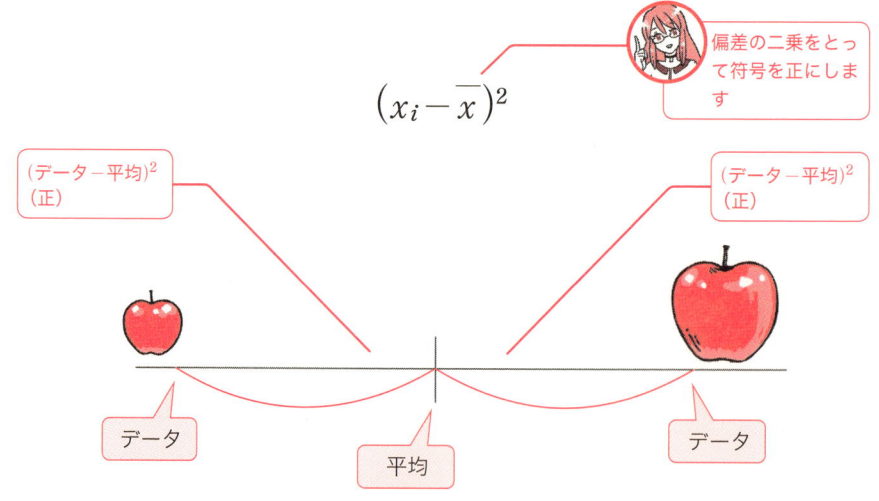

▲偏差の二乗の符号
偏差を平方した値の符号はすべて正になっています。

●分散で散らばりをあらわしてみよう

それでは偏差の二乗の平均を考えていきましょう。まず、すべてのデータについてこの偏差の二乗（平方）を足し合わせてみます。これを**偏差平方和**といいます。**変動**と呼ぶ場合もあります。

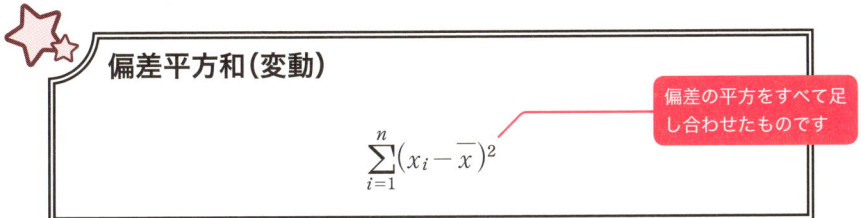

さて私たちは各データの平均からの離れ方についての平均を考えるのでした。この平均をとるためには偏差平方和をデータ数で割ればよいことになります。これが散らばりの新しい指標である**分散**です。

分散は式にすると次のように書けるでしょう。分散は σ^2 という記号で書くことが多くなっています。σ はギリシア文字のシグマですから、シグマの二乗であらわすわけです。なお n はデータ数です。

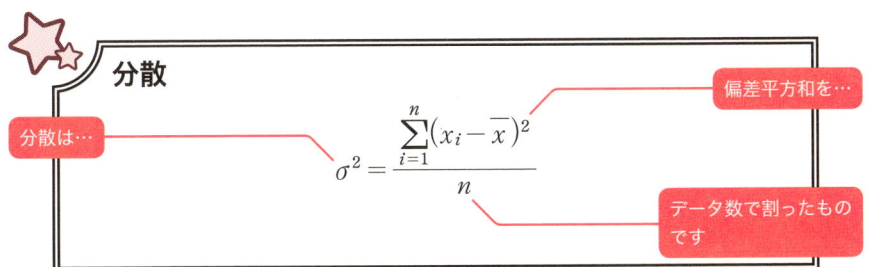

たとえばりんごの重量データの場合を計算してみましょう。

例題 りんごの重量データ（12 ページ）について分散を求めよ。

解答 19 ページでみたように、平均は 189.0、データ数は 20 です。偏差の平方和を求め、データ数で割ってください。

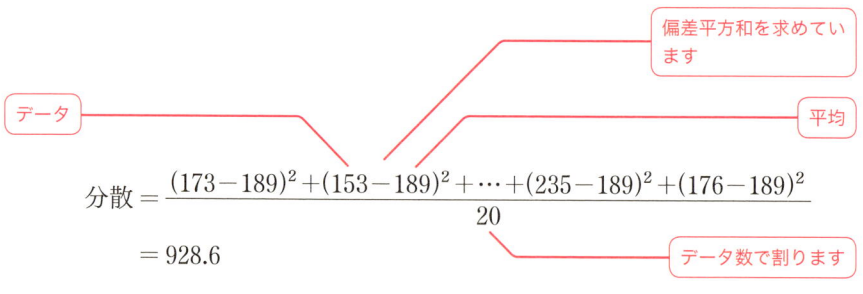

$$分散 = \frac{(173-189)^2 + (153-189)^2 + \cdots + (235-189)^2 + (176-189)^2}{20}$$
$$= 928.6$$

分散の値が大きい場合には、データの散らばりは大きいと考えられます。また、分散の値が小さい場合には、データの散らばりは小さいと考えられます。

もしどのデータも散らばらずに平均と一致する 1 つの値となる場合には、分散は最も小さく 0 となります。分散の大きさによって散らばりをあらわすことができることを確認してみてください。

それではもう 1 つ分散の計算について練習しておくことにします。

練習
りんごの個数データ（14 ページ）の分散を求めよ。

解答
22 ページでみたように、平均は 508、データ数は 20 です。偏差平方和を求め、データ数で割ります。

1.5 データの散らばりを考えてみよう〜分散

データ　　　　　　　　　　偏差平方和を求めています

　　　　　　　　　　　　　　　　　　　　平均

$$分散 = \frac{(565-508)^2+(518-508)^2+\cdots+(528-508)^2+(475-508)^2}{20}$$

$$= 11349.3$$

データ数で割ります

Column / Excelで散らばりの指標を調べる

散らばりをあらわす指標をExcelで調べるには次の関数を使います。データの中央をあらわす代表値を求めたときと同様、関数の( )内にデータ入力範囲を指定して計算します。最後の標準偏差については次の項で紹介することにしましょう。

内容	関数
範囲	MAX(範囲)−MIN(範囲)
偏差平方和	DEVSQ(範囲)
分散	VARP(範囲)
標準偏差	STDEVP(範囲)

▲ Excelの関数（散らばりに関する指標）

理解度確認！(1.5)

1) 数学テストのデータ（17ページ）について、**範囲**を求めよ。
2) 数学テストのデータ（17ページ）について、**分散**を求めよ。

（解答は p.204）

1.6 散らばりをグラフに記録してみよう〜標準偏差

●分散の平方根を考える

　分散は散らばりの指標となっています。分散が大きい場合はデータのばらつきが大きく、分散が小さい場合はデータのばらつきが小さいことになります。ただし分散は偏差を二乗した偏差平方和を使っているため、分散の単位はデータの単位と異なってしまっています。このため、分散はどのくらいのばらつきかを直観的に考える際には不便である場合もあります。

　そこでデータの散らばり方を考える際には、分散の正の平方根をとって扱うことがあります。これを**標準偏差**といいます。

　標準偏差を式にしてみると次のようになります。標準偏差はギリシア文字σであらわすことが多くなっています。分散を σ^2 であらわしていたことを思い出してみてください。σ(標準偏差)は σ^2 (分散)の正の平方根となっているのです。

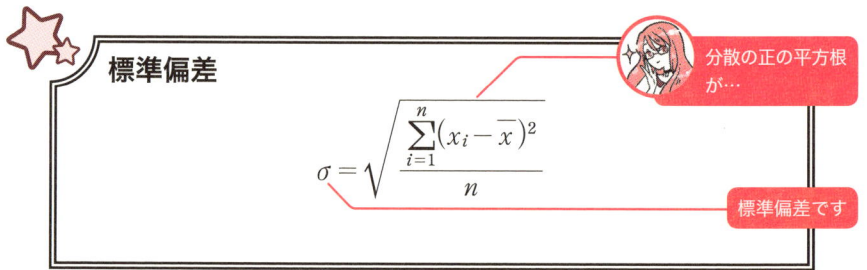

　たとえばりんごの重量データの標準偏差を計算してみましょう。

1.6 散らばりをグラフに記録してみよう〜標準偏差

例題 りんごの重量データ（12ページ）について標準偏差を求めよ。

解答 28ページでみたとおり、分散は928.6ですので、この平方根をとります。標準偏差の単位はデータの単位と同じです。この場合の単位は「グラム」となります。

$$\sigma = \sqrt{928.6} = 30.473 \, (グラム)$$

単位は「グラム」となります

●標準偏差をグラフに書き込む

　標準偏差は便利です。りんごの重量データ（12ページ）のヒストグラムに標準偏差を書き込んでみると次のようになるでしょう。標準偏差が大きい場合はデータの散らばりが大きくなることが一目でわかります。

　標準偏差はデータと単位が同じですから、データを記録したグラフ上でも考えることができるのです。

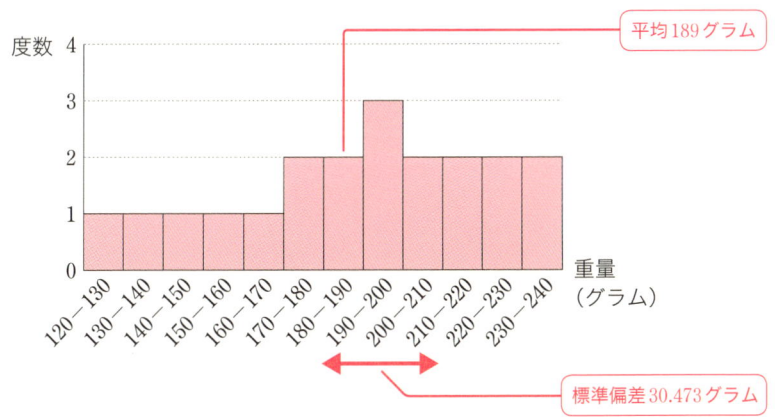

▲標準偏差をグラフ上にあらわす

　それではりんごの収穫個数データで練習してみてください。

> **練習**
> りんごの個数データ（14 ページ）の標準偏差を求めよ。

解答

29 ページでみたとおり、分散は 11349.3 ですので、この平方根をとります。この場合の単位は「（りんごの）個（数）」となります。

$$\sigma = \sqrt{11349.3} = 106.533 \, (個)$$

単位は「個（数）」となります

理解度確認！(1.6)

数学テストのデータ（17 ページ）について、標準偏差を求めよ。

（解答は p.205）

1.7 分布のしかたについて考えてみよう〜分布

●いろいろな分布がある

　調査対象の真ん中をあらわす代表的な値や、調査対象データの散らばり方を調べることができました。調査データがどのように散らばっているかをあらわしたものを**分布**といいます。

　分布にはいろいろな形があります。中央を軸として左右対称となる場合もあれば、右や左に偏っている場合もあります。次の図はいろいろな分布を示したものです。

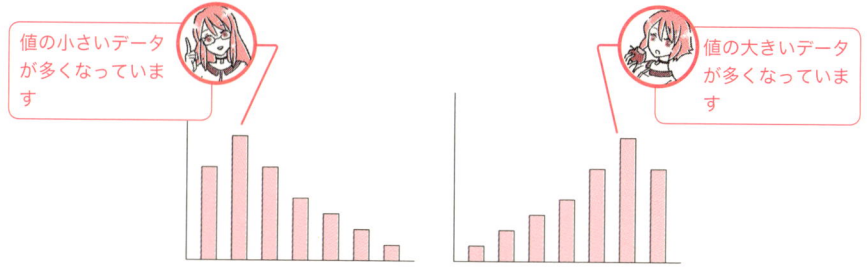

▲違いのある分布

●相対度数をおぼえておこう

　さて、ここで新しい概念についておさえておきましょう。ある区間内にデータがあらわれる頻度を度数というのでした。各度数について全体の度数で割った値を**相対度数**といいます。りんごの重量データについて相対度数を計算してみましょう。

重量（グラム）	度数	相対度数
120－130	1	0.05
130－140	1	0.05
140－150	1	0.05
150－160	1	0.05
160－170	1	0.05
170－180	2	0.10
180－190	2	0.10
190－200	3	0.15
200－210	2	0.10
210－220	2	0.10
220－230	2	0.10
230－240	2	0.10
合計	20	1

度数÷全度数です

相対度数の合計は1です

▲相対度数

相対度数は全体の中での各階級の割合をあらわす値となっていますから、相対度数の合計は1となることに注意してください。

縦軸を相対度数、横軸に階級をとってグラフを描くと、次のような図になるでしょう。

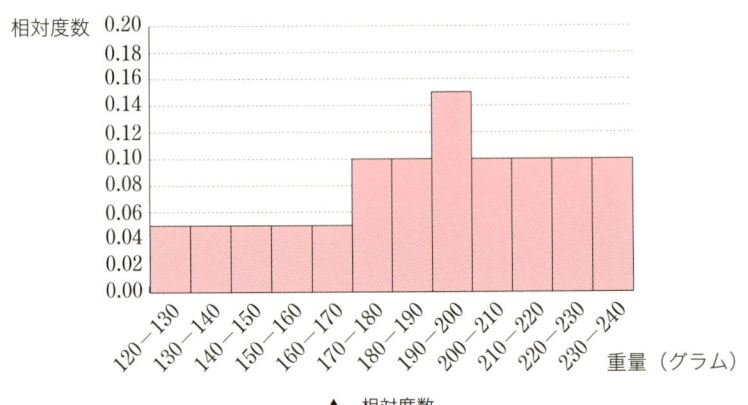

▲ 相対度数

ここで、相対度数があらわすものを考えてみてください。たとえば120～130グラムの0.05とは、全体の中で120～130グラムの重さのりんごがあらわれた割合と考えることもできます。a～bグラムであれば次の図で割合を考えることができるでしょう。

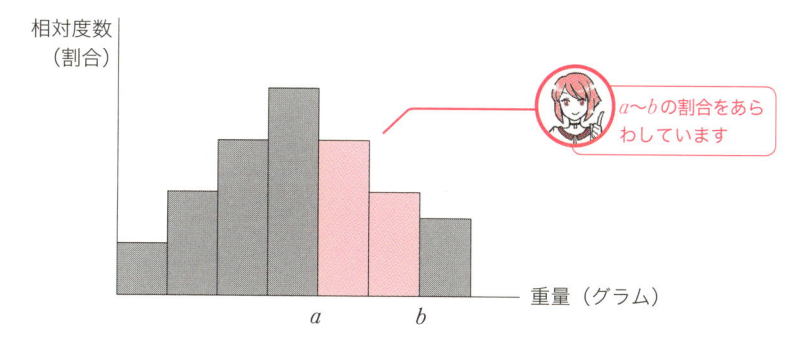

1.7 分布のしかたについて考えてみよう〜分布

(相対度数（割合）／重量（グラム）のヒストグラム。a〜b の区間が強調されている)

a〜b の割合をあらわしています

▲りんごが a〜b グラムである割合

さて、りんごの重さがもともといろいろな値をとることを考えると、こうした割合は a〜b グラムのりんごがあらわれる確率と考えることもできます。そこでこのグラフについて、いろいろな重さのりんごがあらわれる確率と考えてみることにしましょう。

◉ヒストグラムの幅を細かくしていくと？

それではこのとき区間を狭くしていくとどうなるでしょうか。次のように連続的に変化する線を考えることができます。

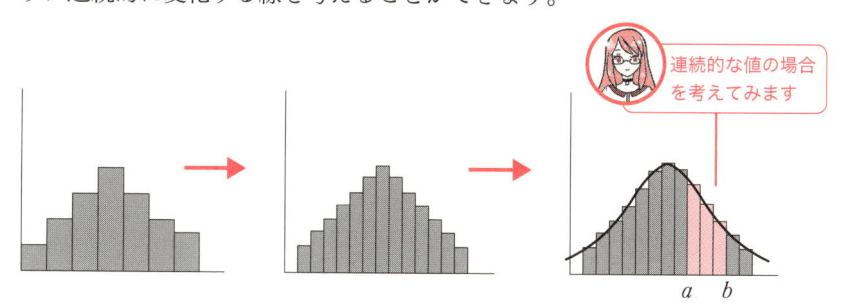

連続的な値の場合を考えてみます

▲ヒストグラムの階級幅を無限に狭くする

このとき、横軸と a〜b 間のグラフで囲まれた「面積」について考えてみてください。この面積がりんごが a〜b グラムである確率となっています。

1 統計データはどうやってみるの？〜統計学の考え方のキホン

縦軸の値を**確率密度**といいます。グラフは**確率密度関数**と呼ばれます。また、いろいろな値をとる変量 X は**確率変数**と呼ばれ、X がとる分布を**確率分布**と呼びます。

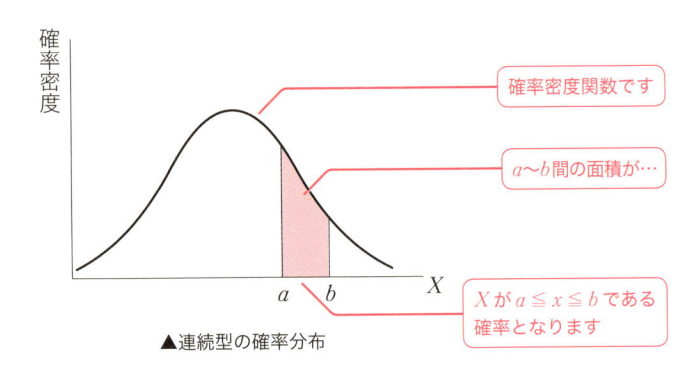

▲連続型の確率分布

●正規分布を知ろう

連続型の確率分布でもっとも有名なものに、**正規分布**と呼ばれる分布があります。正規分布は平均を中心にしたつりがね型の分布です。この分布は平均と分散によって形が決まります。平均 μ、標準偏差 σ の正規分布は下図のようになっています。

自然界のデータにはこうした正規分布をとるものが多くなっています。本書では私たち果樹園のりんごの重量がこのような分布をとっていると考えてみることにしましょう。

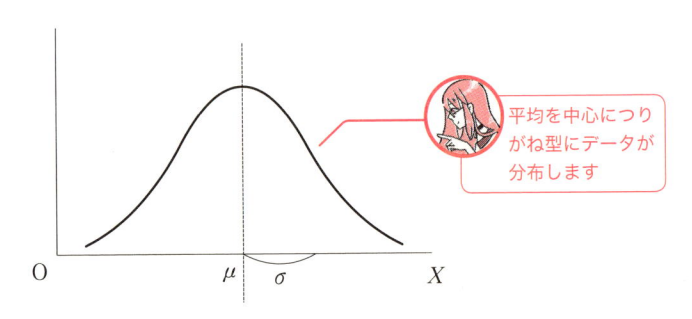

▲正規分布
正規分布は平均を中心にしたつりがね型の分布です。

Column／正規分布にしたがう

さまざまな現象がさまざまな値をとる場合、考えられる分布にもさまざまな種類があります。ある現象の値がある分布をとるとき、値がその分布に「したがう」といいます。ここでは「りんごの重量は平均μ標準偏差σ（分散σ^2）の正規分布にしたがっている」と考えるわけです。

●標準正規分布を知ろう

さて、正規分布についてもう少しくわしくみていくことにしましょう。特に平均が0、標準偏差が1となる正規分布は統計データの分析を行う際に非常に重要です。この正規分布は**標準正規分布**と呼ばれます。

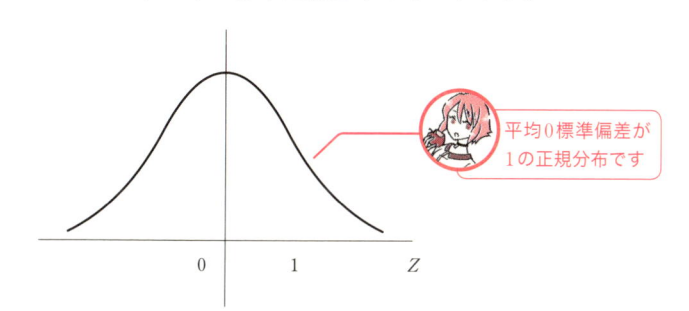

平均0標準偏差が1の正規分布です

▲標準正規分布
標準正規分布は平均0標準偏差1の正規分布です。

●正規分布の特徴をおぼえよう

正規分布では、値をあらわす横軸の区間と確率密度関数に囲まれた網掛けの面積（確率）が次のようになることが知られています。知っておくと便利でしょう。なお面積すべてを足し合わせると1(100%)になっています。すべてを足し合わせた確率は1となっているのです。

区間	確率
$\mu-\sigma \leqq x \leqq \mu+\sigma$	全体の約68%
$\mu-2\sigma \leqq x \leqq \mu+2\sigma$	全体の約95%
$\mu-3\sigma \leqq x \leqq \mu+3\sigma$	全体の約99.7%

▲正規分布の区間と確率

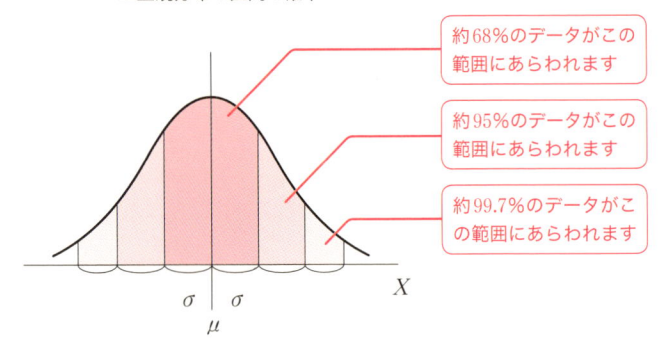

約68%のデータがこの範囲にあらわれます

約95%のデータがこの範囲にあらわれます

約99.7%のデータがこの範囲にあらわれます

▲正規分布の確率

平均μから$\pm\sigma$に68%、$\pm2\sigma$に95%、$\pm3\sigma$に99.7%のデータがあらわれます。

◉一般的な確率はどうなっている?

それではその他の点の確率はどのようになっているでしょうか。たとえば下図のようにzよりも大きいデータがあらわれる範囲の確率pの値はどうなっているでしょうか。

ある境界の右側（上側）の確率がpであるとき、境界となるこのzを**上側p%（パーセント）点**といいます。統計を扱う際には、このパーセント点と確率の対応について考える状況がよくあります。

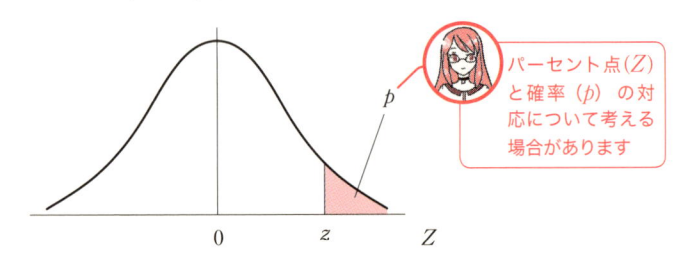

パーセント点(Z)と確率(p)の対応について考える場合があります

Column / 確率の呼び方

確率分布上においてある境界の右側の確率を**上側確率**と呼んでいます。また境界の左側の確率は**下側確率**と呼ばれます。
さらに分布の両端の確率をまとめて考える場合に**両側確率**と呼ぶ場合があります。分布の片端の確率は**片側確率**です。
上記の網掛け部分pは$Z=z$であるときの上側確率であり、片側確率となっています。

● 正規分布の値を調べてみよう

いろいろな分布の確率とパーセント点の対応を求める方法として、Excelの関数を使う方法があります。

ここでは関数を使って標準正規分布・正規分布の確率またはパーセント点を調べることができます。

分布	関数	内容
標準正規分布	NORMSDIST(パーセント点)	パーセント点→確率を求める
	NORMSINV(下側確率)	確率→パーセント点を求める
正規分布	NORMDIST(パーセント点,平均,標準偏差,指定)	パーセント点→確率を求める
	NORMINV(確率,平均,標準偏差)	確率→パーセント点を求める

▲ Excelの関数（正規分布・標準正規分布）

なお、この4つの関数では確率として下側確率（境界の左側の確率）を指定するため、上側確率（境界の右側の確率）について計算する場合には全体の面積をあらわす1から上側確率を減じることが必要です。注意して使ってみてください。

一般の正規分布について調べる場合には、平均・標準偏差を指定することも必要です。

・標準正規分布の場合

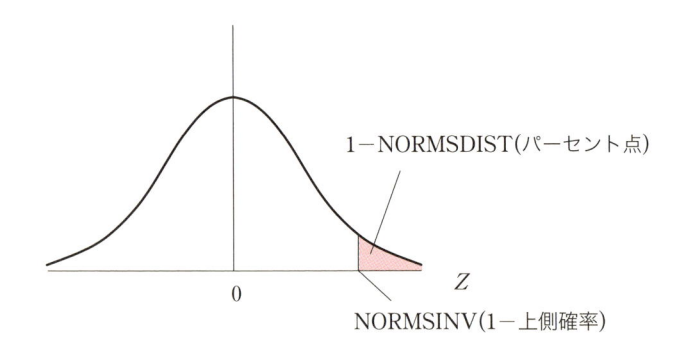

1−NORMSDIST(パーセント点)

NORMSINV(1−上側確率)

・正規分布の場合

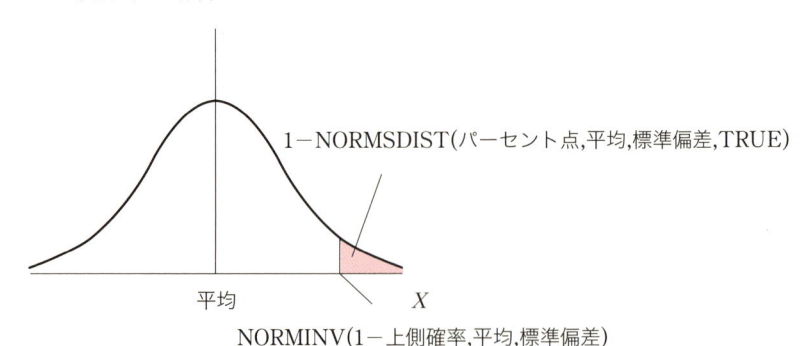

1−NORMSDIST(パーセント点,平均,標準偏差,TRUE)

NORMINV(1−上側確率,平均,標準偏差)

それでは正規分布の確率とパーセント点が求められるように、練習してみましょう。

例題
1) 標準正規分布の上側 2.5 パーセント点を求めよ。
2) 標準正規分布で 1.65 以上である確率を求めよ。

解答
1) 標準正規分布上で確率からパーセント点を求める NORSMINV 関数を使います。上側確率が与えられていますので、1 から減じて指定することが必要です。

1.7 分布のしかたについて考えてみよう～分布

標準正規分布では上側確率 0.025 に対応する Z の値（上側 2.5 パーセント点）が 1.96 となることがわかります。

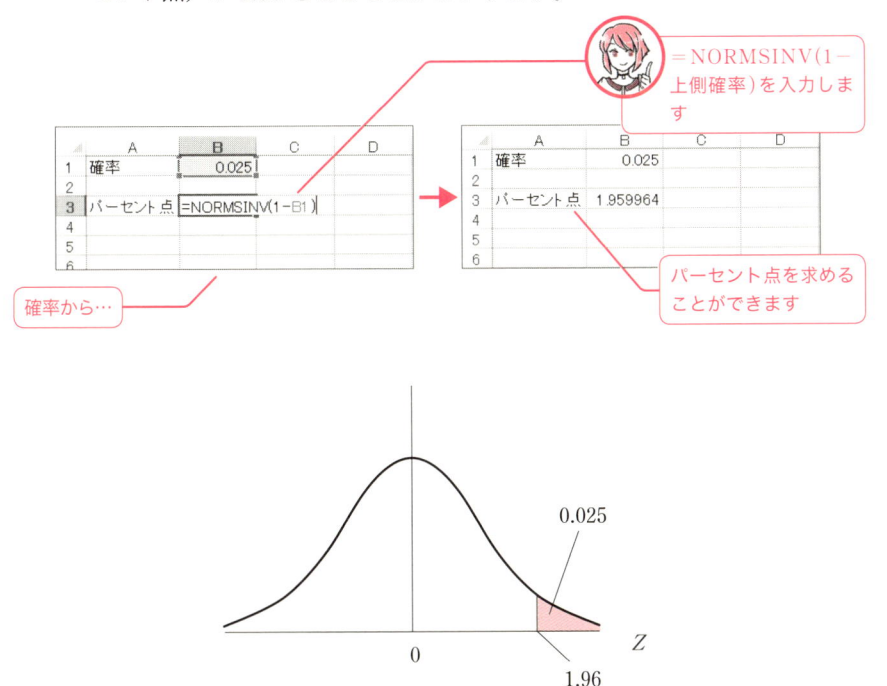

=NORMSINV(1−上側確率)を入力します

確率から…

パーセント点を求めることができます

2) 標準正規分布上でパーセント点から確率を求める NORMSDIST 関数を使います。標準正規分布では $Z = 1.65$ に対応する上側確率が 4.9% とわかります。Z が 1.65 以上である確率は 4.9% となります。

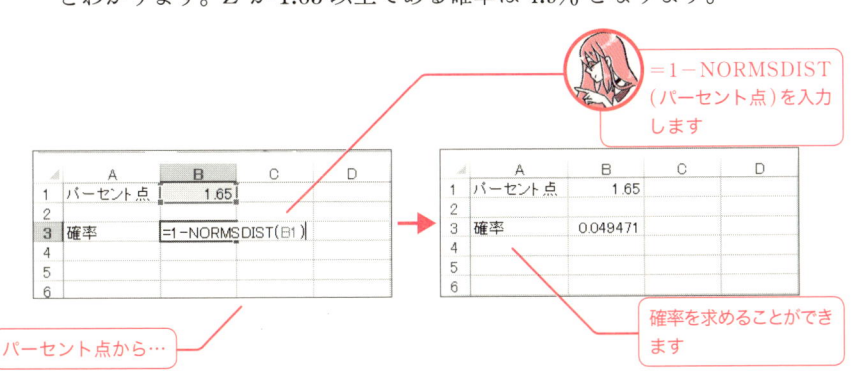

=1−NORMSDIST(パーセント点)を入力します

パーセント点から…

確率を求めることができます

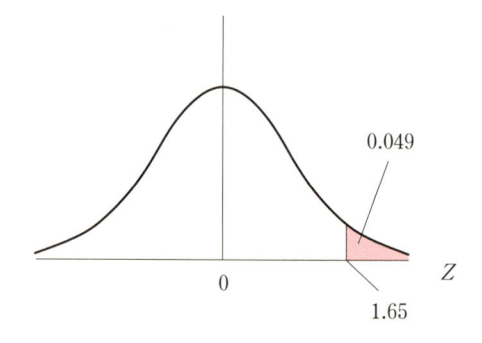

```
                    0.049
         0     1.65   Z
```

今度は一般の正規分布で練習してみましょう。

練習
1) 平均 50・標準偏差 10 である正規分布の上側 2.5 パーセント点を求めよ。
2) 平均 50・標準偏差 10 の正規分布で 75 以上である確率を求めよ。

解答
1) 確率からパーセント点を求める関数（NORMINV）を使います。上側 2.5 パーセント点は $X = 69.6$ と求められます。平均 50 標準偏差 10 の正規分布では上側 2.5 パーセント点は 69.6 です。

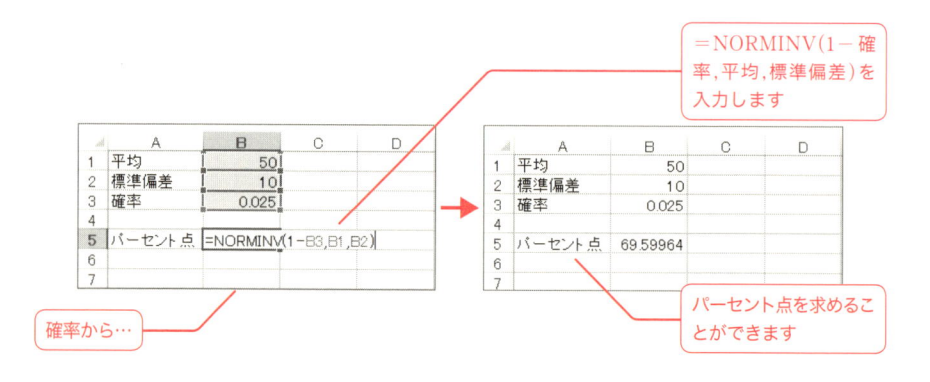

＝NORMINV(1−確率, 平均, 標準偏差) を入力します

	A	B	C	D
1	平均	50		
2	標準偏差	10		
3	確率	0.025		
4				
5	パーセント点	=NORMINV(1−B3,B1,B2)		
6				
7				

→

	A	B	C	D
1	平均	50		
2	標準偏差	10		
3	確率	0.025		
4				
5	パーセント点	69.59964		
6				
7				

確率から…

パーセント点を求めることができます

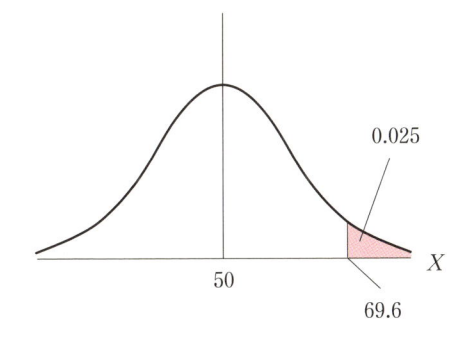

1.7 分布のしかたについて考えてみよう〜分布

2) パーセント点から確率を求める関数（NORMDIST）を使います。$X=75$ に対応する上側確率は $p=0.006$ と求められます。平均 50 標準偏差 10 の正規分布では 75 以上である確率は 0.6% となっています。

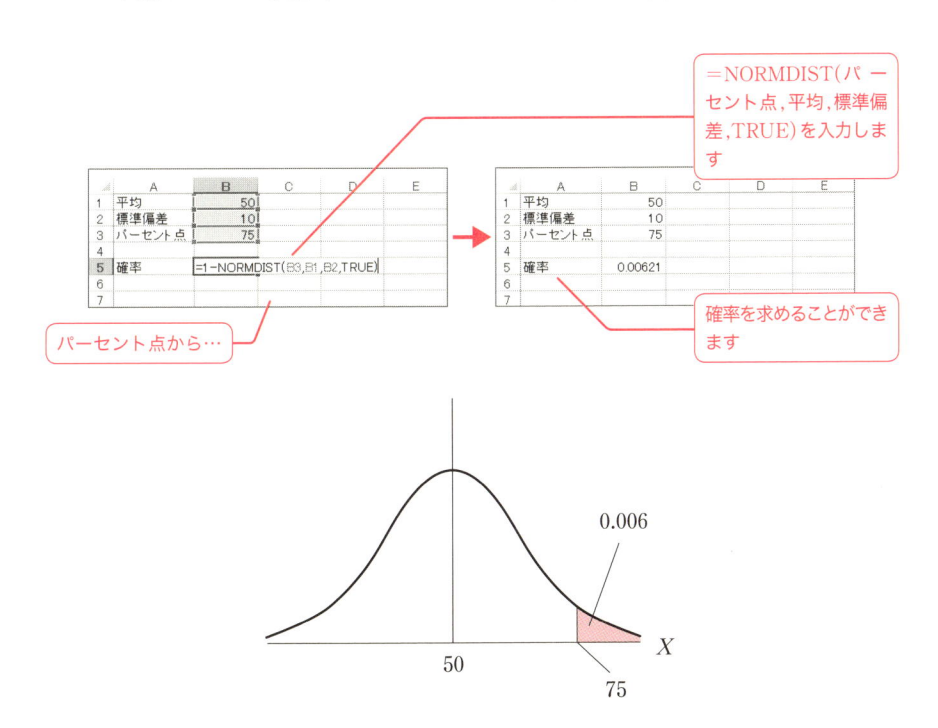

=NORMDIST(パーセント点, 平均, 標準偏差, TRUE)を入力します

パーセント点から…

確率を求めることができます

Column / 標準正規分布表

ここではコンピュータの表計算ソフトを使って確率と値の対応を求めました。ただし、コンピュータが使えない場合には確率とパーセント点との対応を記載した「標準正規分布表」を使うことが一般的です。標準正規分布表は次のような表で、確率と値の対応を調べることができます。

Z	0	0.01	0.02	0.03	0.04	0.05	0.06
...	...	...	...	...	...	...	...
1.5	0.06681	0.06552	0.06426	0.06301	0.06178	0.06057	0.05938
1.6	0.05480	0.05370	0.05262	0.05155	0.05050	0.04947	0.04846
1.7	0.04457	0.04363	0.04272	0.04182	0.04093	0.04006	0.03920
1.8	0.03593	0.03515	0.03438	0.03362	0.03288	0.03216	0.03144
1.9	0.02872	0.02807	0.02743	0.02680	0.02619	0.02559	0.02500

▲標準正規分布表（一部）

たとえば確率 0.025 に対応する値を調べるには横方向の値 (1.9) と縦方向の値 (0.06) をみます。これをあわせて上側 2.5 パーセント点が $Z = 1.96$ であることがわかります。

本書では巻末に標準正規分布表を掲載していますので参考にしてみてください。なお、本書では標準正規分布表として上側確率を示していますが、下側確率を示す表もあります。

理解度確認！(1.7)

1) 標準正規分布の上側 1 パーセント点を求めよ。
2) 標準正規分布で 1.0 以上である確率を求めよ。

（解答は p.205）

1.8 標準化して考えよう 〜標準化

●標準化をしてみよう

さて、同じ正規分布でも、平均や標準偏差が異なる場合があります。このようなときにデータを比較しやすくする方法として、**標準化**という変換作業を行うことがあります。標準化によって、データを扱いやすい分布上で考えることができるようになります。

標準化は通常次のようにデータから平均を引き、標準偏差で割り算します。

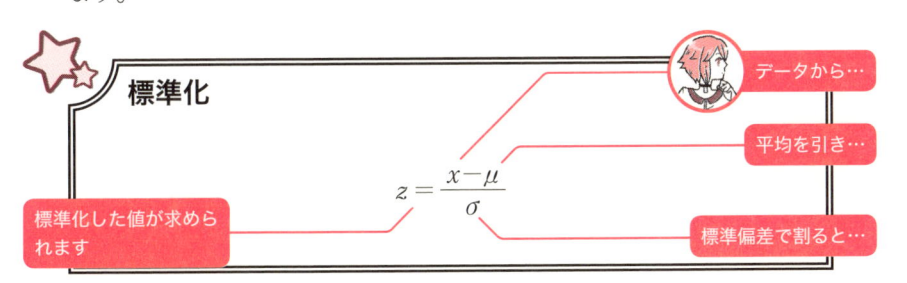

標準化

データから…
平均を引き…
標準偏差で割ると…

$$z = \frac{x - \mu}{\sigma}$$

標準化した値が求められます

特に正規分布の場合は標準化することによって、次のように変換が行われ、平均0、分散1の標準正規分布上で考えることができるようになります。

平均を引きます（$-\mu$）
標準偏差で割ります（$/\sigma$）
標準正規分布です

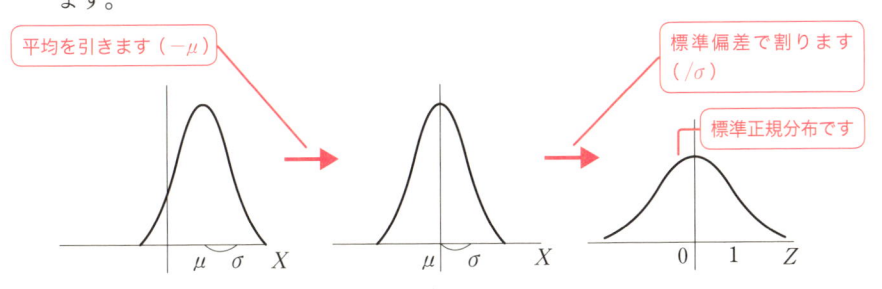

▲標準化
標準化を行うには、平均を引き、標準偏差で割ります。

りんごの重量データについて標準化を行ってみましょう。

例題 りんごの重量データ（12 ページ）について、1 番目・2 番目のデータを標準化せよ。

解答 1 番目のデータは 173 グラム、2 番目のデータは 153 グラムです。標準化を行ってみてください。

1 番目のデータ：$\dfrac{173-189}{30.473} = -0.525$ ← 負の値となっています

2 番目のデータ：$\dfrac{153-189}{30.473} = -1.181$ ← 負の値となっています

これらの値が… 153 173 189 X（グラム）

標準化すると… $-1.181\ -0.525\ 0\quad Z$ これらの値に変換されます

これらのデータは平均より小さいので、標準化した場合に負の値になることに注意してみてください。平均より大きい値を標準化した場合は正の値となります。

どのように変換されるのか、イメージをつかんでみてください。もう 1 つの事例で練習してみましょう。

1.8 標準化して考えよう〜標準化

練習
りんごの重量データ（12ページ）について、20番目のりんご重量データを標準化せよ。

解答
同じように標準化を行います。今度も平均より小さいデータなので負の値となりました。

$$\frac{176-189}{30.473} = -0.427$$

← 負の値となっています

●偏差値の計算もできる

なお塾や学校で成績評価方法としてよく使われる「偏差値」も、比較を行いやすくするために値を標準化する手法の1つです。偏差値は平均50標準偏差10の正規分布に従うように変換を行うものです。

偏差値を計算する場合の標準偏差です

偏差値を計算する場合の平均です

$$偏差値 = 10 \times (平均0分散1に標準化した値) + 50$$

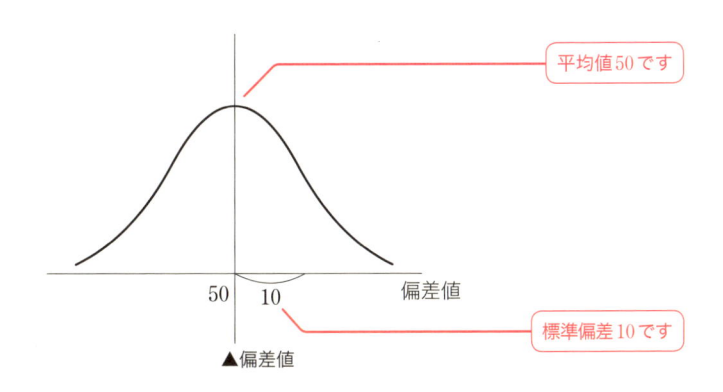

平均値50です

標準偏差10です

▲偏差値

たとえば平均65点・標準偏差8のテストにおいて、75点をとったとしましょう。この場合まず次のように標準化を行っておきます。

$$\frac{75-65}{8} = 1.25$$

> 平均0分散1の正規分布に変換します

さらにこのデータを平均50、標準偏差10に変換することで偏差値を求めます。

$$10 \times 1.25 + 50 = 62.5$$

> 偏差値です

偏差値は62.5となります。

テストの平均点や標準偏差はテストを行うたびに違うものとなるでしょう。しかし偏差値を使うことでテスト同士の比較を行うことが可能になるわけです。

正規分布上では平均±1標準偏差に全体の68%が属することになっていましたから、全体の約68%が偏差値40〜60だということになります。

また、上記のように偏差値62.5の場合は、標準正規分布上で1.25に対応する上側確率を調べると0.106であることから、上位約10.6%に入っていることがわかります。

理解度確認！(1.8)

1) りんごの個数データ（14ページ）について、1番目のりんご個数データを標準化せよ。
2) 数学のテストデータ（17ページ）について、1番目の生徒の偏差値を求めよ。
3) 1)のデータは上位何%に入っているか。
4) 2)のデータは上位何%に入っているか。

（解答はp.205）

第2章
データから関係をみつけだそう
〜相関・回帰

多くの項目を観察するデータにおいては、
その項目同士の関係を調べたい場合があります。
データ項目間の関係を掴むことは大切です。
この章では項目間の関係を分析する手法をみていきましょう。

2.1 データの関係を図示してみよう～散布図

●項目間の関係を考えてみよう

　1章では調査項目が1つである場合のデータの整理について考えてみました。りんごの重量や収穫個数の平均・分散などを計算することによって、調査対象集団の特徴を知ることができたわけです。

　この章ではさらに、複数項目のデータを整理・分析する方法について考えてみましょう。20か所の調査対象地域において、地域内の果物消費量と砂糖消費量という2つのデータ項目を一定期間調べたところ、次のようなデータが得られたとしましょう。このデータからどんなことが読み取れるでしょうか。

> 2つの項目に関するデータです

番号	果物消費量（キログラム）	砂糖消費量（キログラム）	番号	果物消費量（キログラム）	砂糖消費量（キログラム）
1	1230	4235	11	1738	6495
2	1560	5250	12	1566	6287
3	2034	5680	13	1678	4758
4	1010	4876	14	1560	4780
5	830	4237	15	2450	7020
6	1500	5980	16	2635	7271
7	1200	5326	17	1863	6028
8	1751	7583	18	1786	6257
9	1100	4520	19	2036	6530
10	1500	5739	20	2137	6742

▲果物と砂糖の消費量

●散布図を描いてみよう

　このデータは、各データについて2つの項目がある二次元データとなっています。このようにデータが2つの項目をもつ場合には、項目間の対応関係が一目でわかると便利です。そこで各データにつき、縦軸と横

2.1 データの関係を図示してみよう〜散布図

軸にそれぞれの項目の値をとってプロットしたグラフを作成することにします。このグラフを**散布図**といいます。

果物の消費量と砂糖の消費量の関係の場合、散布図が右上がりになっていますから、果物の消費量が増えると、砂糖の消費量も増えているという関係が読み取れます。

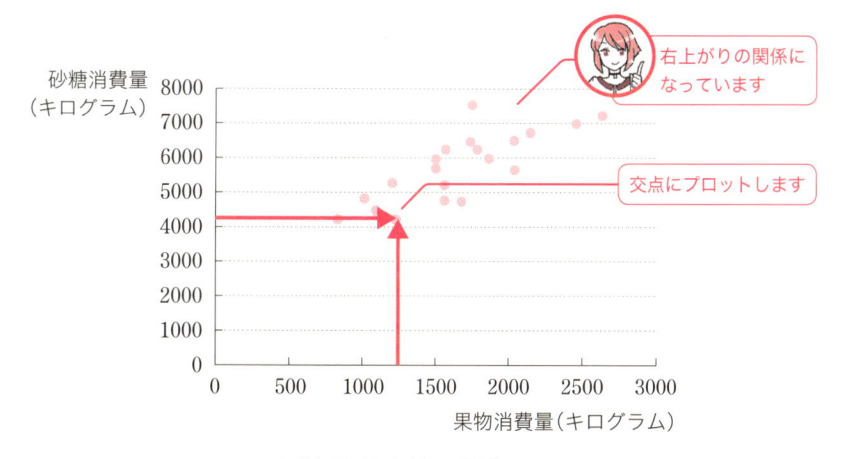

▲散布図（右上がりの関係）

例題 次のデータは 20 か所の同質な調査対象地域において記録された果物の消費量と風邪に罹患した人数である。散布図を作成せよ。

番号	果物消費量（キログラム）	風邪に罹患した人数（人）	番号	果物消費量（キログラム）	風邪に罹患した人数（人）
1	5182	38	11	7894	28
2	6400	23	12	7645	31
3	6916	21	13	5809	40
4	5951	26	14	5836	47
5	7315	39	15	6556	28
6	7276	38	16	8825	8
7	6491	33	17	7334	20
8	6099	32	18	7609	27
9	5524	50	19	7936	16
10	6987	36	20	8191	17

▲果物の消費量と風邪の罹患人数

解答 散布図を描いてみましょう。2つの項目には右下がりの関係があることが読み取れます。果物の消費量が増えると風邪に罹患した人数が減る関係があると読み取れるのです。

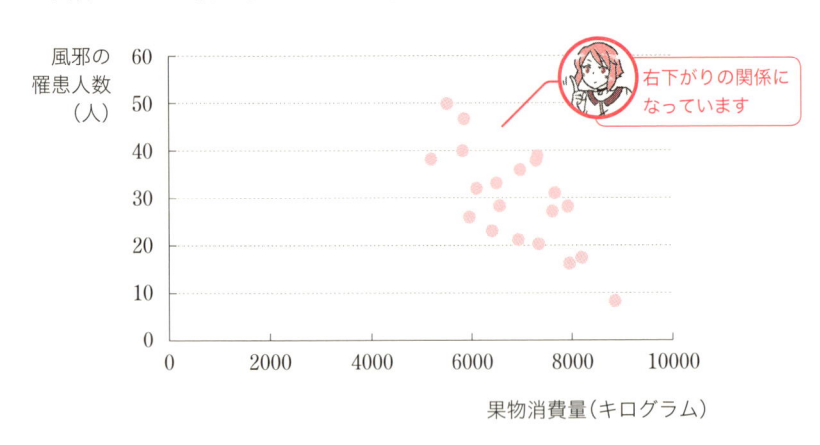

風邪の罹患人数（人）／果物消費量（キログラム）

> 右下がりの関係になっています

理解度確認！(2.1)

20人の生徒について数学・英語のテストを実施したところ、以下のようになった。
散布図を作成せよ。

番号	数学（点）	英語（点）	番号	数学（点）	英語（点）
1	78	82	11	61	63
2	65	76	12	77	81
3	63	56	13	62	75
4	47	35	14	68	60
5	63	72	15	73	82
6	52	59	16	82	95
7	89	90	17	65	60
8	92	88	18	59	57
9	74	68	19	87	88
10	58	65	20	68	65

▲数学・英語テストの点数

（解答は p.205）

2.2 関係の強さはどうやってあらわす？〜相関

●相関によって「関係」を考える

　散布図を見るといろいろな関係があることが読み取れるでしょう。このうち、特に重要な関係として、一方が増えたときにもう一方がどのように変化するか、その関係を考えることがあります。項目xの値が増えたときの項目yの値を考えるわけです。

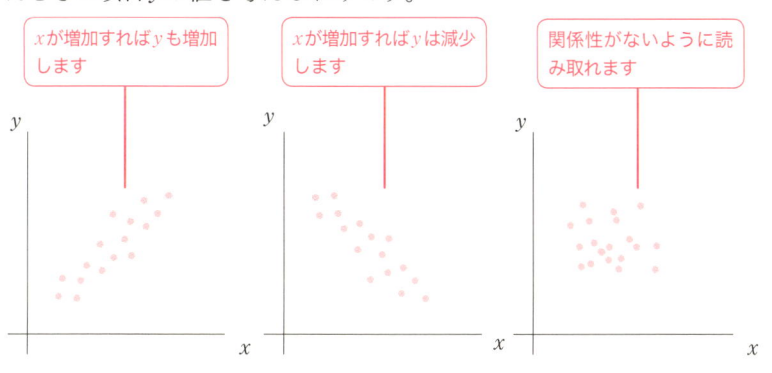

　xが増加すればyも増加します

　xが増加すればyは減少します

　関係性がないように読み取れます

▲相関：正の相関（左）負の相関（中）無相関（右）

　一方が増えるともう一方が増える関係を**正の相関**といいます。逆に一方が増えるともう一方が減る関係を**負の相関**といいます。2項目間に関係が読み取れない場合を**無相関**と呼びます。

相関

正の相関 …… 一方の項目が増えるともう一方の項目が増加する
負の相関 …… 一方の項目が増えるともう一方の項目が減少する
無　相　関 …… 項目間に関係が存在しない

これまでの事例についても考えてみましょう。

例題 果物の消費量と砂糖の消費量データ（50ページ）はどの相関にあると考えられるか。

解答 前節で取り上げた果物の消費量と砂糖の消費量の場合は右上がりの関係になっています。果物消費量が増えると砂糖消費量も増えています。このことから、2つの項目には正の相関があると考えられます。

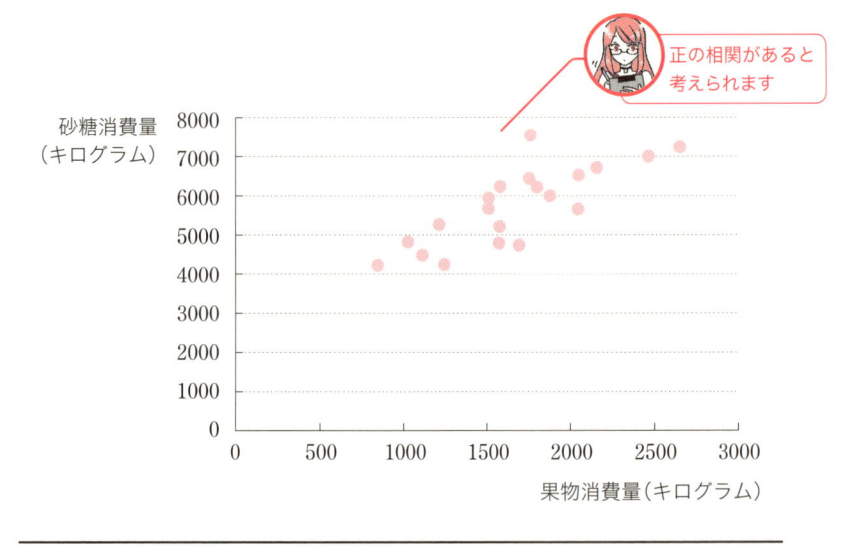

> 正の相関があると考えられます

> **練習**
> 果物の消費量と風邪の人数データ（51ページ）はどの相関にあると考えられるか。

解答
　果物の消費量と風邪の人数の関係は果物の消費量が増えたときに風邪の人数が減っているという関係にあります。こちらは負の相関があると考えられます。

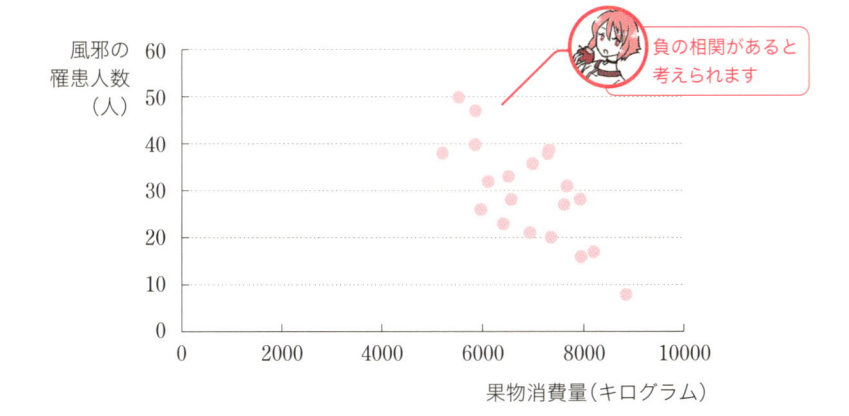

2.2 関係の強さはどうやってあらわす？〜相関

風邪の罹患人数(人)／果物消費量(キログラム)の散布図

負の相関があると考えられます

Column／いろいろな関係

ここでは2つの項目間に右上がりまたは右下がりとなる直線的な関係が読み取れると考えています。しかし関係にはこのような単純な直線関係以外にもさまざまな関係が考えられます。他の関係についてはあとで紹介しましょう。

2.3 関係の強さを数値であらわそう～相関係数・共分散

●関係の強さをあらわしてみる

さて2つのデータ項目をもつデータには、いろいろな関係が考えられることがわかりました。今度はこの関係を数値であらわす方法を考えてみることにしましょう。

項目間の関係を数値であらわすためにはいくつかの事柄について準備が必要です。これから1つずつ順番に考えていきましょう。

●2項目の偏差の積を考える

まず、次のように各データについて、2つの項目の偏差の積を考えることにしましょう。この値は**偏差積**と呼ばれています。偏差については1章（25ページ）で説明していますので、ふりかえってみてください。

> 各データ項目の偏差の積を考えます

$$偏差積 = 1つ目のデータ項目の偏差 \times 2つ目のデータ項目の偏差$$

たとえば果物の消費量の偏差と砂糖の消費量の偏差の積を考えるわけです。

i番目のデータを(x_i, y_i)とするとき、i番目のデータの偏差積を式で書くと次のようになります。

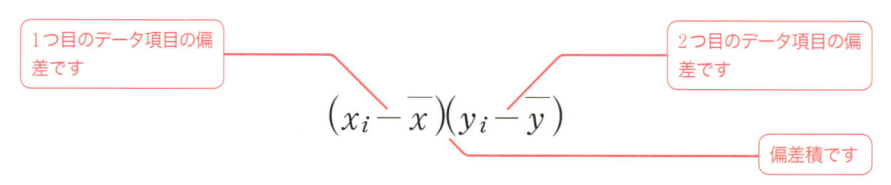

$$(x_i - \overline{x})(y_i - \overline{y})$$

1つ目のデータ項目の偏差です　　2つ目のデータ項目の偏差です　　偏差積です

それでは個々のデータについて偏差積を考えてみましょう。偏差積の値は平均を中心とした次の4つの領域によってそれぞれ次のような符号をもつと考えられます。

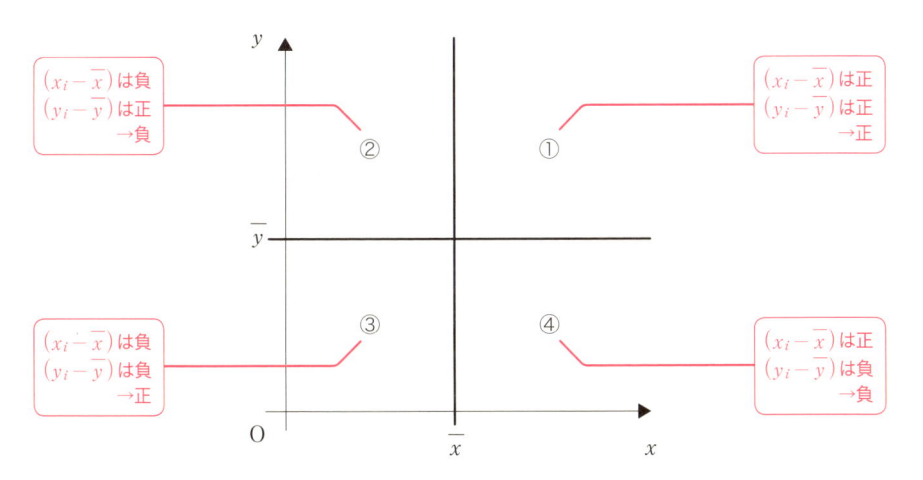

②領域: $(x_i - \overline{x})$ は負, $(y_i - \overline{y})$ は正 → 負
①領域: $(x_i - \overline{x})$ は正, $(y_i - \overline{y})$ は正 → 正
③領域: $(x_i - \overline{x})$ は負, $(y_i - \overline{y})$ は負 → 正
④領域: $(x_i - \overline{x})$ は正, $(y_i - \overline{y})$ は負 → 負

▲偏差積の符号

平均を中心とした4つの領域で各データの偏差積の符号は異なっています。

●偏差積の総和を求めておく

さてここで、調査データすべてについて偏差積を足し合わせた総和を考えます。つまり次の式を考えるわけです。

$$\sum_{i=1}^{n}(x_i - \overline{x})(y_i - \overline{y})$$

偏差積をすべて足し合わせた総和を考えます

正の相関がある場合は右上がりの関係がありますから①と③の領域にあるデータが多いことになります。したがって偏差積の総和の符号は正となります。

負の相関がある場合は左上がりの関係がありますから②と④の領域にあるデータが多いことになります。したがって偏差積の総和の符号は負となります。

無相関の場合は打ち消し合って0に近くなります。

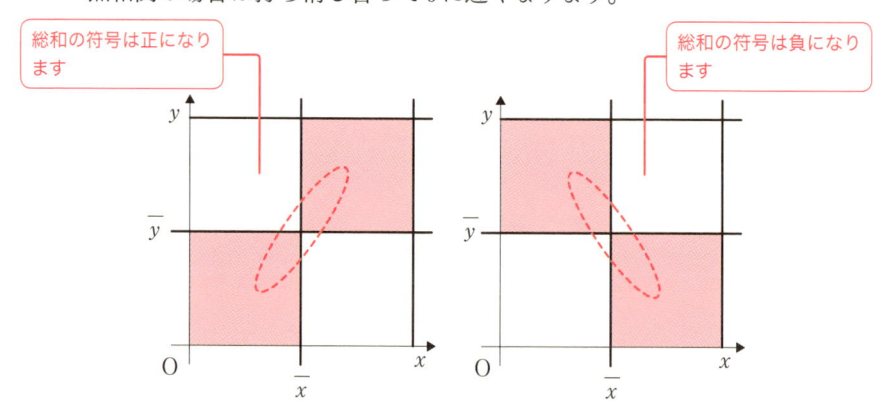

> 総和の符号は正になります

> 総和の符号は負になります

▲偏差積の総和の符号
正の相関がある場合（左）は正となります。負の相関がある場合（右）は負となります。

そこでこの偏差積の総和の符号によって2項目間の関係の強さの指標とすることができるでしょう。

●共分散を計算しよう

偏差積の総和をデータ数で割ったものを**共分散**といいます。

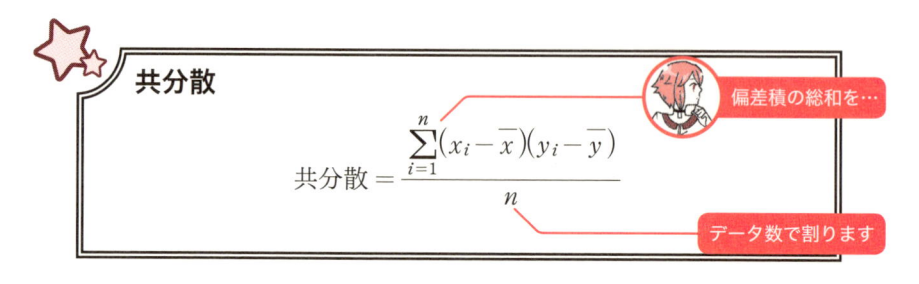

共分散

$$共分散 = \frac{\sum_{i=1}^{n}(x_i - \overline{x})(y_i - \overline{y})}{n}$$

> 偏差積の総和を…

> データ数で割ります

共分散は正の相関がある場合に正の値、負の相関がある場合に負の値をとります。2項目間に相関があまりない場合には0に近い値となり、完全に無相関の場合には0となります。

2.3 関係の強さを数値であらわそう〜相関係数・共分散

例題 果物消費量と砂糖消費量の関係（50ページ）について共分散を計算せよ。

解答 共分散の計算方法にしたがって計算します。平均を先に求めておきましょう。

果物消費量の平均：$= \dfrac{1230 + 1560 + \cdots + 2036 + 2137}{20} = 1658.2$

砂糖消費量の平均：$= \dfrac{4235 + 5250 + \cdots + 6530 + 6742}{20} = 5779.7$

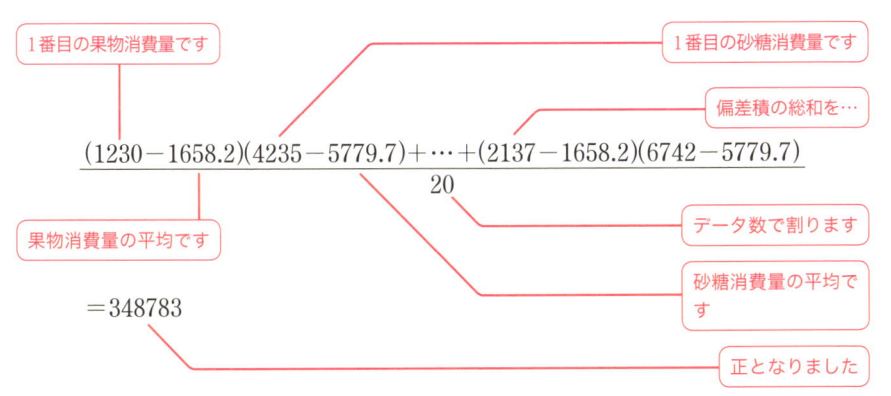

$$\dfrac{(1230 - 1658.2)(4235 - 5779.7) + \cdots + (2137 - 1658.2)(6742 - 5779.7)}{20}$$

- 1番目の果物消費量です
- 1番目の砂糖消費量です
- 偏差積の総和を…
- 果物消費量の平均です
- データ数で割ります
- 砂糖消費量の平均です

$= 348783$

正となりました

正の相関と考えられるため正の数値となっています。

もう1つの事例で共分散を計算してみましょう。

練習
果物の消費量と風邪の罹患人数のデータ（51ページ）について共分散を求めよ。

解答
同様に計算してみてください。

果物消費量の平均：$= \dfrac{5182+6400+\cdots+7936+8191}{20} = 6888.8$

風邪の罹患人数の平均：$= \dfrac{38+23+\cdots+16+17}{20} = 29.9$

$$\dfrac{(5182-6888.8)(38-29.9)+\cdots+(8191-6888.8)(17-29.9)}{20}$$
$= -6967.77$

負となりました

今度は負の数値となっています。

◉相関係数を計算しよう

　共分散は相関の強さをあらわすことができます。しかし共分散は調査対象の単位が違う場合には比較することができません。たとえば果物・砂糖の消費量と果物・風邪の罹患人数の2種類の相関の強さを単純に比較することはできないのです。

　そこでこうした相関の強さを比較するための指標を考えることにしましょう。次の**相関係数**を使うことにします。相関係数は共分散をxの標準偏差とyの標準偏差（の積）で割ったものです。

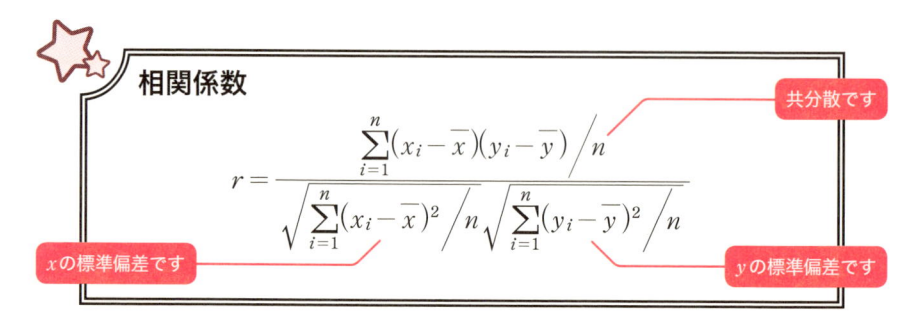

相関係数

$$r = \dfrac{\sum_{i=1}^{n}(x_i - \overline{x})(y_i - \overline{y}) \Big/ n}{\sqrt{\sum_{i=1}^{n}(x_i - \overline{x})^2 \Big/ n}\sqrt{\sum_{i=1}^{n}(y_i - \overline{y})^2 \Big/ n}}$$

共分散です
xの標準偏差です
yの標準偏差です

　相関係数rは$-1 \leqq r \leqq 1$の値をとります。正の相関の場合は正の値、負の相関の場合は負の値となり、完全な正の相関の場合には1、完全な負の相関の場合には-1となります。相関があまりない場合には0に近

い値となり、完全な無相関の場合に0となります。つまり次のような値をとるわけです。

相関係数の値

正の相関 …… $0 < r \leq 1$
負の相関 …… $-1 \leq r < 0$
無 相 関 …… $r = 0$

それでは果物消費量と砂糖消費量の関係について計算してみましょう。

例題 果物消費量と砂糖消費量の関係（50ページ）について相関係数を計算せよ。

解答 標準偏差を先に求めておきましょう。

果物消費量の標準偏差：
$$\sqrt{\frac{(1230-1658.2)^2+(1560-1658.2)^2+\cdots+(2036-1658.2)^2+(2137-1658.2)^2}{20}}$$
$= 450.37$

砂糖消費量の標準偏差：
$$\sqrt{\frac{(4235-5779.7)^2+(5250-5779.7)^2+\cdots+(6530-5779.7)^2+(6742-5779.7)^2}{20}}$$
$= 982.67$

つまり共分散・各項目の標準偏差は次のようになっています。

① 共分散：348783（59ページ）
② 果物消費量の標準偏差：450.37

③　砂糖消費量の標準偏差：982.67

このことから相関係数は次のように計算できます。この事例の相関係数は正の値になっています。

$$\frac{①}{②\cdot③} = \frac{348783}{450.37 \cdot 982.67} = 0.7881$$

> 正の値となっています

練習
果物の消費量と風邪の罹患人数データ（51 ページ）の相関係数を求めよ。

解答
標準偏差を先に求めておきましょう。

果物消費量の標準偏差：

$$\sqrt{\frac{(5182-6888.8)^2+(6400-6888.8)^2+\cdots+(7936-6888.8)^2+(8191-6888.8)^2}{20}}$$
$= 955.08$

風邪の罹患人数の標準偏差：

$$\sqrt{\frac{(38-29.9)^2+(23-29.9)^2+\cdots+(16-29.9)^2+(17-29.9)^2}{20}}$$
$= 10.39$

つまり次のようになっています。

① 　共分散：-6967.77（60 ページ）
② 　果物消費量の標準偏差：955.08
③ 　風邪の罹患人数の標準偏差：10.39

このことから相関係数は次のようになります。今度の事例の相関係数は負の値となっています。

$$\frac{①}{②\cdot③} = \frac{-6967.77}{955.08 \cdot 10.39} = -0.7020$$

負の値となっています

Column／Excelで共分散・相関係数を求める

Excelで共分散・相関係数を計算するためには以下の関数を使うことができます。

指標	関数（2項目の場合の範囲は2つ）
共分散	COVAR(範囲1, 範囲2…)
相関係数	CORREL(範囲1, 範囲2…)

▲ Excelの関数（項目間の関係）

共分散・相関係数は各項目を範囲で指定します。共分散や相関係数を手で計算するのは非常に面倒ですが、コンピュータを利用することで項目間の関係の強さを表す指標を簡単に求めることができるのです。

理解度確認！(2.3)

1) 数学・英語テストデータ（52ページ）について、共分散を求めよ。
2) 数学・英語テストデータ（52ページ）について、相関係数を求めよ。

（解答は p.205）

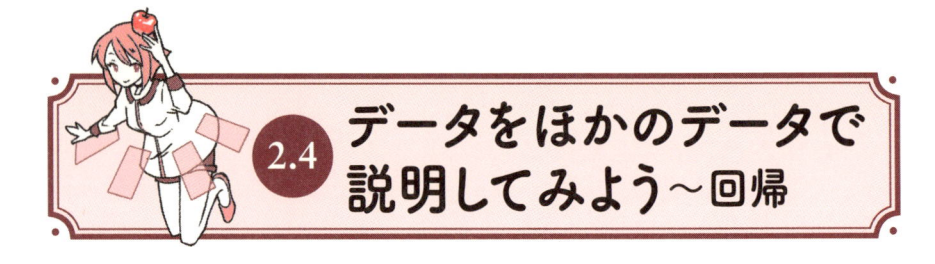

2.4 データをほかのデータで説明してみよう〜回帰

●回帰の関係とは?

　果物消費量と砂糖消費量の関係には正の相関がありました。このとき、果物の消費量が増えることによって砂糖の消費量を押しあげていると考えることができるかもしれません。

　一方の項目が他方の項目の動向について、いわば「説明する」ような関係にあると考えられる場合があります。そこで今度はこの関係を表す方法について考えてみましょう。

▲一方が他方を説明する関係

●回帰直線をひいてみよう

　たとえば果物の消費量と砂糖の消費量のように右上がりの関係がある場合には、果物消費量をx、砂糖消費量をyとして次のような直線関係があると考えることもできます。

$$y = a + bx$$

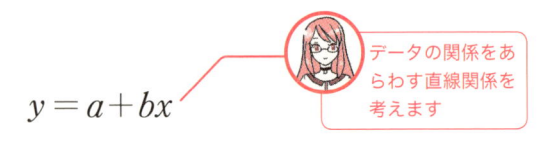

> データの関係をあらわす直線関係を考えます

　そこでこの直線の式を考えることでデータの関係をあらわすことができます。

このときxを**説明変数**（または独立変数）、yを**目的変数**（または被説明変数）と呼びます。果物の消費量が砂糖の消費量を説明すると考えるのです。

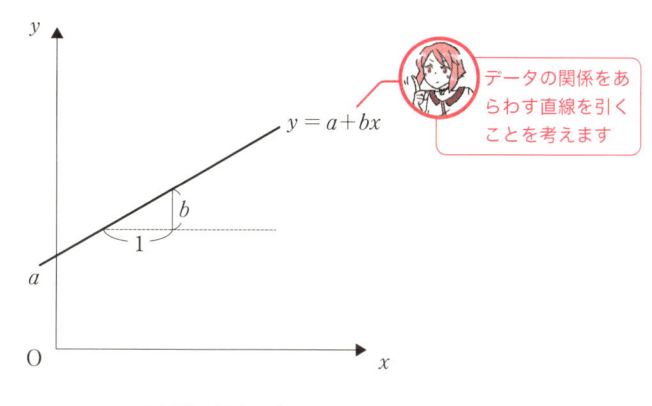

▲回帰直線をひく

Column／回帰の意味

こうした項目間の関係を読み解くことは統計では欠かせない手法の1つです。ただし、果物の消費量が増えたからといって、必ずしもそのことが砂糖の消費量が増えることの原因となっているわけではないことに注意してください。
地域内に健康な人の数が多い場合には、そのことを原因として果物消費量と砂糖消費量がそれぞれ別々に押し上げられていると考えることもできるのです。この場合、果物の消費量と砂糖の消費量は直接の因果関係があるとはいえないことに注意する必要があります。ここで調べている直線関係はみかけの関係にすぎない場合もあるのです。

●残差について考えてみる

それではこの直線はどのようにみつければよいのでしょうか。このためには、回帰直線が、回帰直線のまわりに散らばるすべてのデータをもっともよくあらわす直線であるように考えるべきでしょう。

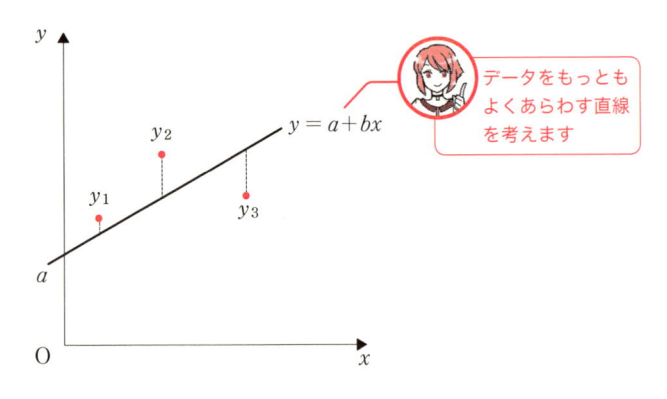

▲回帰直線はデータをよくあらわす必要がある

●残差を計算してみよう

　そこで各データについて次の値を考えます。実際のデータと回帰直線とのy軸方向の距離を考えるのです。これは実際のデータと回帰直線で理論的にあらわされるデータとの差で、**残差**と呼ばれます。

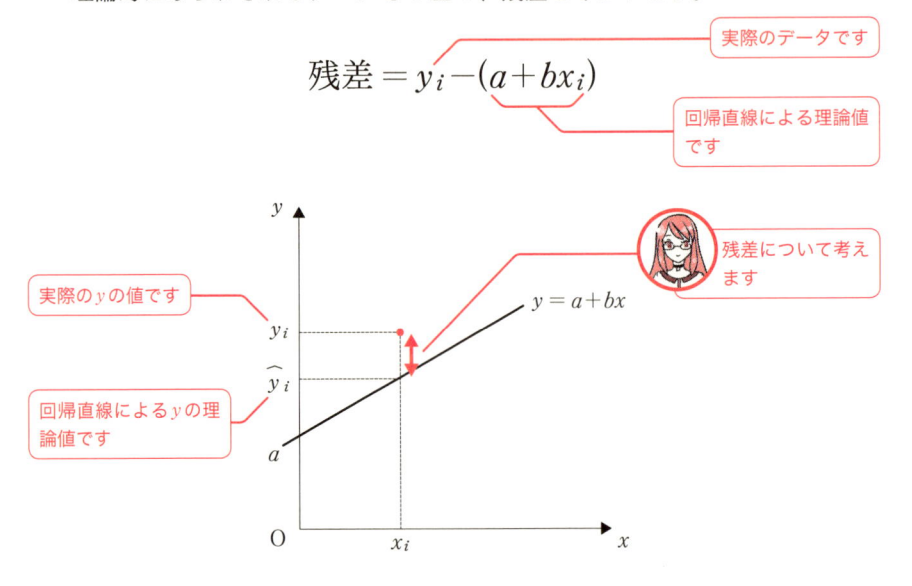

$$残差 = y_i - (a + bx_i)$$

実際のデータです

回帰直線による理論値です

66

2.4 データをほかのデータで説明してみよう〜回帰

次にすべてのデータについてこの残差を二乗し、その総和を考えます。これを**残差平方和**といいます。

$$L = \sum_{i=1}^{n}(y_i - (a+bx_i))^2$$

残差の平方の総和です

回帰直線はこの残差平方和を最小にするものとして求めることにします。これを**最小二乗法**といいます。

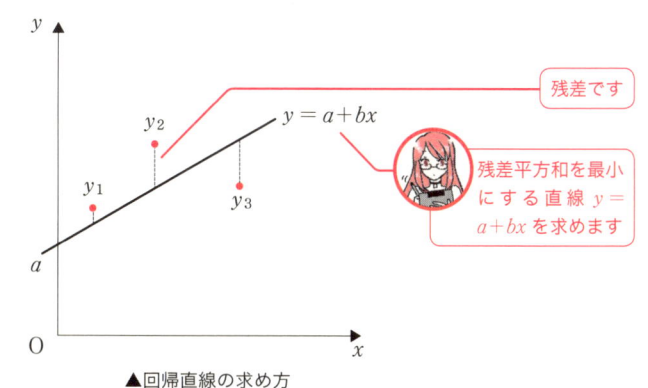

▲回帰直線の求め方
残差平方和が最小となる直線を回帰直線とします。

残差です

残差平方和を最小にする直線 $y = a+bx$ を求めます

説明変数が1つの場合、残差平方和を最小にする回帰直線の係数・切片は次のようになることが知られています。

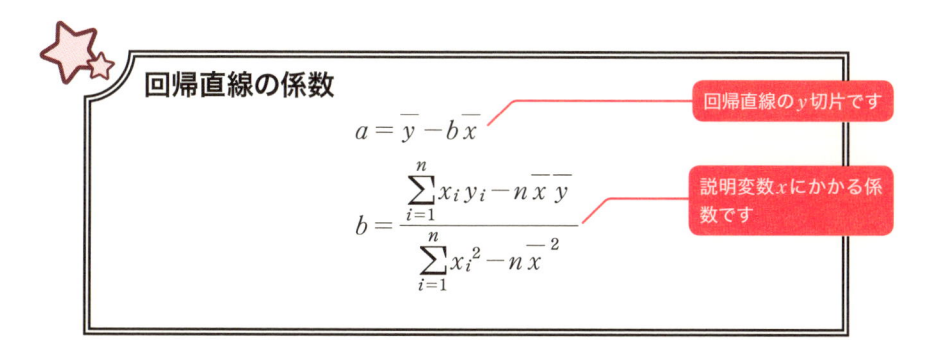

回帰直線の係数

$$a = \bar{y} - b\bar{x}$$

$$b = \frac{\sum_{i=1}^{n} x_i y_i - n\bar{x}\bar{y}}{\sum_{i=1}^{n} x_i^2 - n\bar{x}^2}$$

回帰直線の y 切片です

説明変数 x にかかる係数です

たとえば果物消費量と砂糖消費量の関係の場合は次のようになります。

例題 果物消費量と砂糖消費量の関係（50 ページ）について果物消費量を説明変数、砂糖消費量を目的変数とする回帰直線を求めよ。

解答 $b(x\text{ の係数})$ について：

$$b = \frac{\sum_{i=1}^{n} x_i y_i - n \bar{x} \bar{y}}{\sum_{i=1}^{n} x_i^2 - n \bar{x}^2}$$

＜ 係数の公式です

$$= \frac{(1230 \cdot 4235) + \cdots + (2137 \cdot 6742) - 20 \cdot 1658.2 \cdot 5779.7}{(1230^2) + \cdots + (2137^2) - 20 \cdot 1658.2^2} = 1.7195$$

＜ 係数が求められました

$a(y\text{ 切片})$ について：
$a = 5779.7 - 1.7195 \cdot 1658.2 = 2928.4$ ＜ 切片が求められました

よって回帰直線は次のようになります。

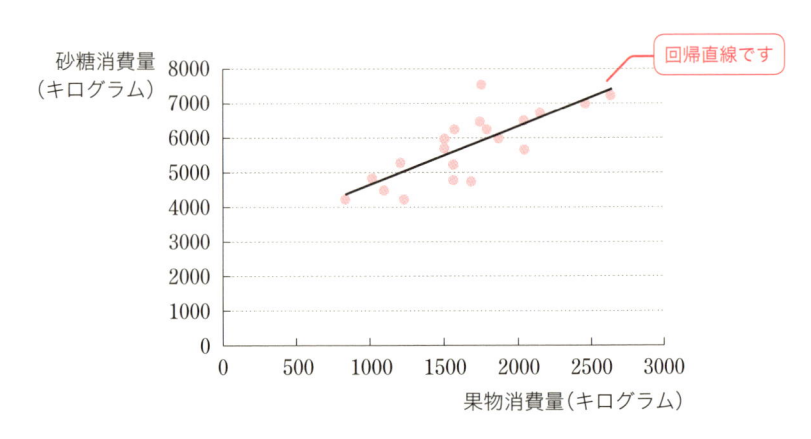

＜ 回帰直線の式です

$$y = 1.7195x + 2928.4$$

＜ 回帰直線です

砂糖消費量（キログラム）／果物消費量(キログラム)

Column 残差平方和を最小にする

ここでは回帰直線の切片・係数について公式を紹介しました。
回帰直線の切片・係数の公式を求める方法について紹介しておきます。少し複雑になりますが、順番にみていくことにしましょう。
回帰直線を求め、残差平方和 L を最小にするためには次の式を解くことが必要です。

$$\frac{\partial L}{\partial a} = 0 、\frac{\partial L}{\partial b} = 0$$

> 偏微分した値が 0 となることが条件です

∂ は偏微分記号で、L を a と b について偏微分した値が 0 となることを意味しています。まず L について計算しておきます。

$$\sum_{i=1}^{n}(y_i-(a+bx_i))^2 = \sum_{i=1}^{n}\{y_i^2 - 2(a+bx_i)y_i + (a+bx_i)^2\}$$
$$= \sum_{i=1}^{n}(y_i^2 - 2ay_i - 2bx_iy_i + a^2 + 2bax_i + b^2x_i^2)$$

L を a、b について偏微分した式が次のようになります。

$$\frac{\partial L}{\partial a} = -2\sum_{i=1}^{n}(y_i-(a+bx_i)) = 0 \quad (①)$$

$$\frac{\partial L}{\partial b} = -2\sum_{i=1}^{n}x_i(y_i-(a+bx_i)) = 0 \quad (②)$$

①②を書き換えると次のようになります。

$$\sum_{i=1}^{n}y_i - na - b\sum_{i=1}^{n}x_i = 0 \quad (①')$$

$$\sum_{i=1}^{n}x_iy_i - a\sum_{i=1}^{n}x_i - b\sum_{i=1}^{n}x_i^2 = 0 \quad (②')$$

$\dfrac{\sum x_i}{n}$ が x の平均（$=\overline{x}$）、$\dfrac{\sum y_i}{n}$ が y の平均（$=\overline{y}$）であることから、平均に n をかけて①' は次のように書くことができます。

$$n\overline{y} - na - nb\overline{x} = 0$$

したがって切片 a の値は次のようになります。

$$a = \overline{y} - b\overline{x}$$

> 回帰直線の切片です

この値を②' に代入します。

$$\sum_{i=1}^{n} x_i y_i - (\overline{y} - b\overline{x})\sum_{i=1}^{n} x_i - b\sum_{i=1}^{n} x_i^2 = 0$$

$$\sum_{i=1}^{n} x_i y_i - (\overline{y} - b\overline{x})n\overline{x} - b\sum_{i=1}^{n} x_i^2 = 0$$

$$\sum_{i=1}^{n} x_i y_i - n\overline{x}\,\overline{y} = b\left(\sum_{i=1}^{n} x_i^2 - n\overline{x}^2\right)$$

したがって係数 b の値は次のようになります。

$$b = \dfrac{\displaystyle\sum_{i=1}^{n} x_i y_i - n\overline{x}\,\overline{y}}{\displaystyle\sum_{i=1}^{n} x_i^2 - n\overline{x}^2}$$

> 回帰直線の係数です

これで回帰直線の係数・切片が求められます。なお偏微分についてくわしくは姉妹書「親切ガイドで迷わない大学の微分積分」で紹介していますので参照してみてください。

練習

果物消費量と風邪の罹患人数（51ページ）について、果物消費量を説明変数、風邪の罹患人数を目的変数とする回帰直線を求めよ。

解答

b（xの係数）について：

$$b = \frac{\sum_{i=1}^{n} x_i y_i - n \overline{x}\,\overline{y}}{\sum_{i=1}^{n} x_i^2 - n \overline{x}^2}$$

$$= \frac{(5182 \cdot 38) + \cdots + (8191 \cdot 17) - 20 \cdot 6888.8 \cdot 29.9}{(5182^2) + \cdots + (8191^2) - 20 \cdot 6888.8^2} = -0.00764$$

（回帰直線の係数です）

a（y切片）について：
$a = 29.9 - (-0.00764) \cdot 6888.8 \fallingdotseq 82.52$

（回帰直線の切片です）

よって回帰直線は次のようになります。

$$y = -0.00764x + 82.52$$

（回帰直線の式です）

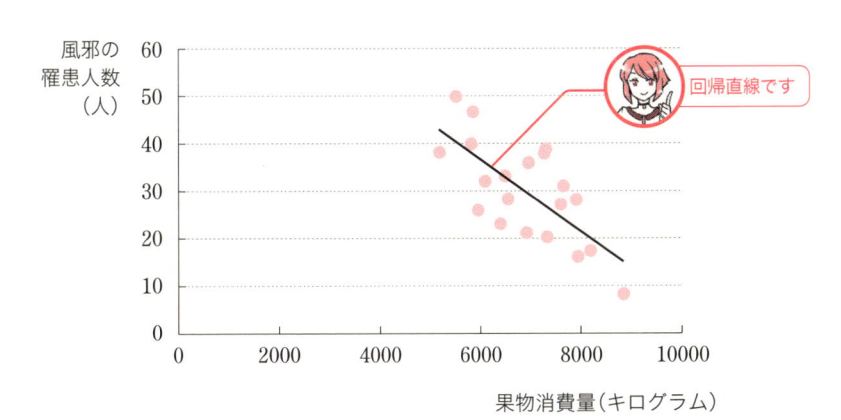

（回帰直線です）

●決定係数を計算しよう

　回帰直線は、説明変数項目が目的変数項目を直線関係によってある程度説明していることをあらわすことになります。ただし、データがすべて回帰直線上にのっているのでなければ、回帰直線が目的変数のすべてを説明できているわけではないことになります。それでは回帰直線によって、どの程度目的変数を説明することができているのでしょうか。

　そこで回帰直線がどの程度目的変数を説明できているのか、そのあてはまり具合をあらわすことを考えます。このとき使われる指標が**決定係数**です。

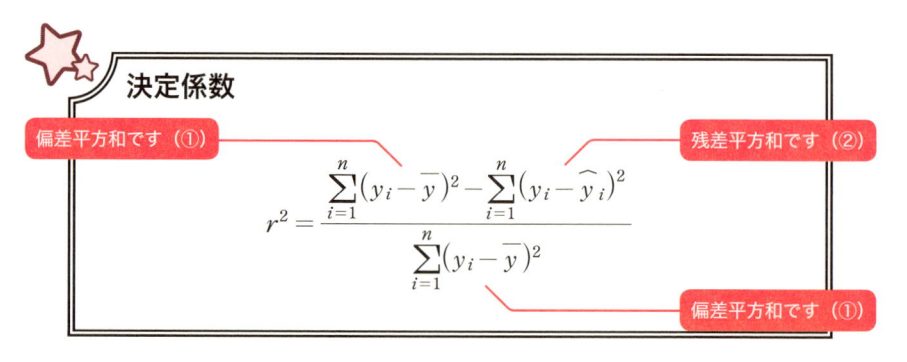

決定係数

偏差平方和です（①）　　　　　　　　残差平方和です（②）

$$r^2 = \frac{\sum_{i=1}^{n}(y_i - \overline{y})^2 - \sum_{i=1}^{n}(y_i - \widehat{y}_i)^2}{\sum_{i=1}^{n}(y_i - \overline{y})^2}$$

偏差平方和です（①）

　この式の分母①は目的変数のデータ項目全体のばらつきである偏差平方和をあらわしています。一方、分子中の②は目的変数が回帰直線によってあらわすことができていない部分である残差平方和となっています。したがって、この式の分子は全体のばらつきのうち、回帰直線によってあらわされる部分を意味しています。

　つまり決定係数は次のようにして回帰直線のあてはまり具合を調べる指標となっています。

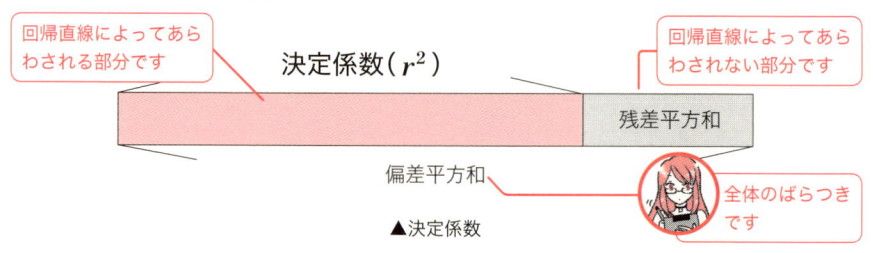

回帰直線によってあらわされる部分です　　決定係数（r^2）　　回帰直線によってあらわされない部分です

残差平方和

偏差平方和　　　　　全体のばらつきです

▲決定係数

2.4 データをほかのデータで説明してみよう〜回帰

果物消費量と砂糖消費量の場合について、決定係数を計算してみましょう。

例題 果物消費量と砂糖消費量（50ページ）の回帰に関して決定係数を求めよ。

解答 偏差平方和（①）:
$$\sum_{i=1}^{n}(y_i - \overline{y})^2 = (4235 - 5779.7)^2 + \cdots + (6742 - 5779.7)^2$$

残差平方和（②）:
$$\sum_{i=1}^{n}(y_i - \widehat{y}_i)^2 = (4235 - (1.7195 \cdot 1230 - 2928.4))^2 + \cdots$$
$$+ (6742 - (1.7195 \cdot 2137 - 2928.4))^2$$

決定係数を求めましょう。

$$\frac{① - ②}{①} = 0.621$$

決定係数です

Column／決定係数の計算

ここでは数値が大きくなるため、偏差平方和・残差平方和の回答は省略しています。統計分析を行う際、実際に決定係数を求めるには、コンピュータの力を借りることになるでしょう。しかし、計算のイメージをつかんでおくことは大切です。計算過程を確認しながら各種事例を検討してみてください。

練習
果物消費量と風邪の罹患人数（51 ページ）の回帰に関して決定係数を求めよ。

解答
偏差平方和（①）：
$$\sum_{i=1}^{n}(y_i - \overline{y})^2 = (38-29.9)^2 + \cdots + (17-29.9)^2$$

残差平方和（②）：
$$\sum_{i=1}^{n}(y_i - \widehat{y}_i)^2 = (38-(-0.0076 \cdot 5182 + 82.52))^2 + \cdots$$
$$+ (17-(-0.0076 \cdot 8191 + 82.52))^2$$

決定係数を求めます。

$$\frac{① - ②}{①} = 0.493$$

決定係数です

Column／いろいろな回帰

ここでは項目の関係として直線関係をあてはめる回帰を考えました。これを **線形回帰** といいます。なお項目間の関係によっては曲線などにあてはめる場合もあります。これを **非線形回帰** といいます。

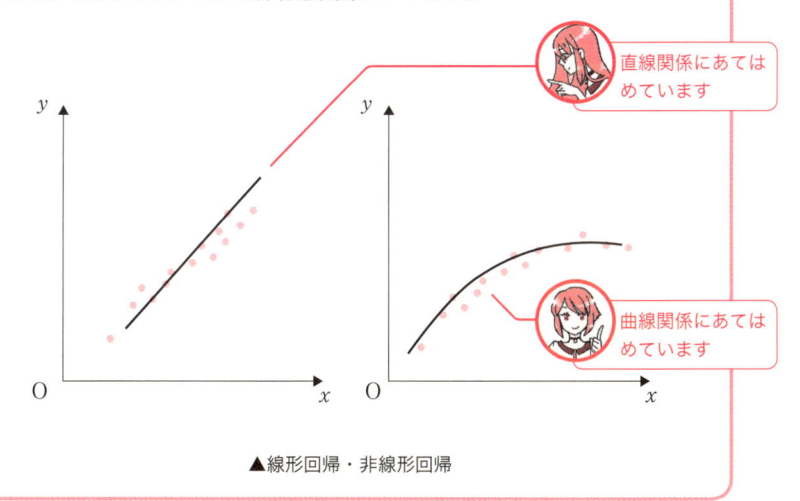

> 直線関係にあてはめています

> 曲線関係にあてはめています

▲線形回帰・非線形回帰

理解度確認！(2.4)

1) 数学・英語テストデータ（52ページ）について、回帰直線を求めよ。
2) 数学・英語テストデータ（52ページ）について、決定係数を求めよ。

（解答は p.206）

2.5 重回帰に挑戦しよう 〜重回帰

●重回帰ってなんだろう？

　さて、この章では2次元データの一方がもう一方を説明する回帰についてみてきました。それではデータ項目が増えたらどうでしょうか？つまり多次元データの場合はどうなるでしょう？

　たとえば次のような3つの項目をもつデータがあったとしましょう。

> 3つの項目があります

地域	風邪の罹患人数（人）	果物消費量（キログラム）	嗜好飲料消費量（キログラム）
1	38	5182	3456
2	23	6400	5670
3	21	6916	4580
4	26	5951	5018
5	39	7315	6317
6	38	7276	6236
7	33	6491	5890
8	32	6099	5321
9	50	5524	5567
10	36	6987	8903
11	28	7894	6790
12	31	7645	7567
13	40	5809	6322
14	47	5836	6256
15	28	6556	5690
16	8	8825	7823
17	20	7334	6320
18	27	7609	5824
19	16	7936	4560
20	17	8191	7818

▲風邪の罹患人数と果物・嗜好飲料消費量

　このとき風邪の罹患人数は果物や嗜好飲料の消費量といったデータ項目で説明できると考えることができるかもしれません。つまり、ある1つの項目が他の項目によって説明できるものと考えることができる場合

があります。このような関係を次のような式であらわします。

$$z = ax + by + c$$

- 目的変数です
- 1つ目の説明変数です
- 2つ目の説明変数です

このように説明変数が複数ある回帰を**重回帰**といいます。重回帰はこの複数の係数を考える作業になります。

説明変数が複数の場合の重回帰式は一般的に次のようにあらわすことができます。

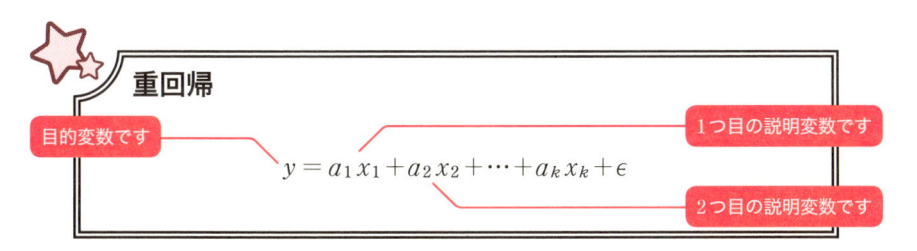

重回帰

$$y = a_1 x_1 + a_2 x_2 + \cdots + a_k x_k + \epsilon$$

- 目的変数です
- 1つ目の説明変数です
- 2つ目の説明変数です

Column／重回帰の注意

重回帰では説明変数同士に強い相関がないことを前提にしています。説明変数に強い相関がある場合は**多重共線性**と呼ばれています。多重共線性があると正しい回帰分析が行えません。このため強い相関関係がある説明変数がある場合にはその説明変数の一方を省いて再度回帰分析を行うことになります。

●重回帰直線を求めてみよう

重回帰はデータ項目数が多く、計算が複雑になりますからコンピュータを使って回帰直線を求める方法が一般的です。

Excelの「データ分析」を使うと回帰分析ができます。一般的な使い方を紹介しておきましょう。

① メニューから「データ」→「データ分析」→「回帰分析」を選択します。

メニューに「データ分析」がない場合は Excel のオプション（アドイン）として分析ツールを組み込む必要があります。くわしくは Excel のヘルプなどを参照してください。

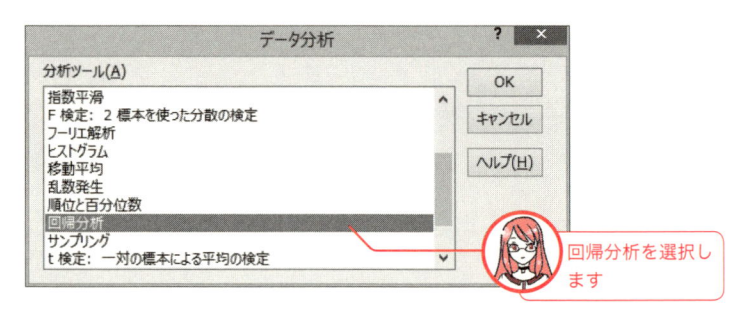

回帰分析を選択します

② 「入力 Y 範囲」と「入力 X 範囲」を指定します。ここでは目的変数である風邪の罹患人数が入力 Y 範囲、説明変数である果物消費量・嗜好飲料消費量が入力 X 範囲です。

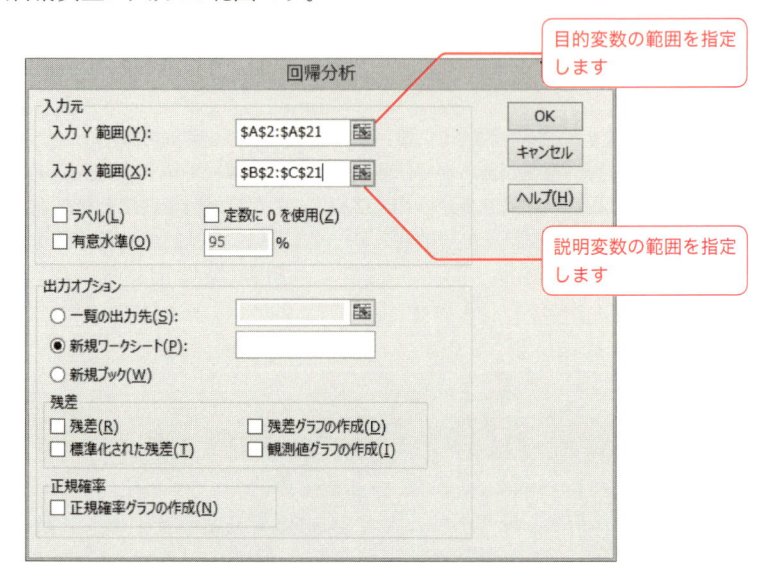

目的変数の範囲を指定します

説明変数の範囲を指定します

③ 「OK」を押すと回帰分析が行われます。

	A	B	C	D	E	F	G	H	I
1	概要								
2									
3		回帰統計							
4	重相関 R	0.775942							
5	重決定 R2	0.602086							
6	補正 R2	0.555272							
7	標準誤差	7.110124							
8	観測数	20							
9									
10	分散分析表								
11		自由度	変動	分散	測された分散	有意 F			
12	回帰	2	1300.384	650.1922	12.86137	0.000396			
13	残差	17	859.4157	50.55386					
14	合計	19	2159.8						
15									
16		係数	標準誤差	t	P-値	下限 95%	上限 95%	下限 95.0%	上限 95.0%
17	切片	78.52059	11.7242	6.697311	3.75E-06	53.7847	103.2565	53.7847	103.2565
18	X 値 1	-0.00998	0.001987	-5.02399	0.000104	-0.01417	-0.00579	-0.01417	-0.00579
19	X 値 2	0.003303	0.001529	2.16022	0.045326	7.71E-05	0.006529	7.71E-05	0.006529

決定係数です

回帰直線の切片です

各説明変数の係数です

●回帰分析の結果を読み解こう

回帰分析の結果よりこの重回帰直線は次のように求められました。

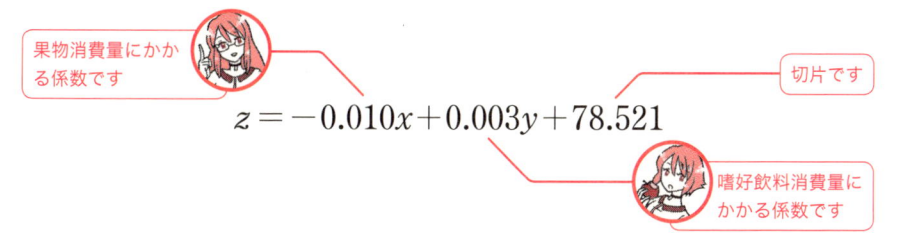

果物消費量にかかる係数です

切片です

$$z = -0.010x + 0.003y + 78.521$$

嗜好飲料消費量にかかる係数です

そのほかにも Excel の回帰分析では次のことがわかります。

■ t 値（t）

　各項目の切片・係数が0とならないことを調べるための値です。tの絶対値が大きい方が良いと考えられます。一般的に絶対値が2以上の場合に係数に意味があると考えられます。

■p値（P-値）
　各項目の切片・係数が0である確率をあらわします。p値は小さいほうが良いと考えられます。一般的に0.05以下である場合に意味があると考えられます。

　結果の値を読み解けるようになっておくと便利です。

Column／いろいろな多変量解析

ここでは1つの目的変数を他の項目が説明しているという前提で回帰分析を行いました。ただし項目間の関係には他にもさまざまなものが考えられます。

複数の項目間の関係を分析する手法は、一般的に多変量解析と呼ばれています。重回帰分析のほかにも、多変量解析には数多くの手法が知られています。代表的な多変量解析としては次の表の種類などがよく用いられています。これらの分析においては分析の目的や、目的変数・誤差の扱い方等が異なっています。違いに注意して分析・利用していくことが必要となるでしょう。

名称	目的変数	概要
重回帰分析	項目の1つ	複数のデータ項目のうちの1つを目的変数として他の項目で説明する
主成分分析	主成分（新しい項目）	新しい項目である主成分項目を導入して各項目で主成分項目を説明する
因子分析	各項目	新しい項目である因子項目を導入して因子項目で各項目を説明する
ロジスティック回帰分析	2値項目（項目の1つ）	複数のデータ項目のうちの1つを目的変数として他の項目で説明する。目的変数は2値の質的データとする

▲主な多変量解析

第3章

サンプルから考えよう〜推測

さまざまな統計データを調べようとするとき、対象の一部しか調査できない場合があります。この場合には一部のデータから全体のデータがどのようなものであるかについて推測をしなければなりません。この章では推測の基本をみていきましょう。

3.1 サンプルを調べよう
～母集団と標本サンプル

●サンプルから調べてみよう

　これまでりんごの重量データなどといった各種データについて調べてきました。しかし広大な果樹園のりんごデータ全体を調べようとする場合などはどうでしょうか？　収穫されるりんごが多い場合、すべてのりんご重量データを調べることは難しいかもしれません。けれども一部のりんごを調べることによって、果樹園全体のりんごの重量がどのようになっているかについては、ある程度分かりそうな気がします。この章では統計を使ってこうした分析を行う方法について考えていくことにしましょう。

●母集団から標本サンプルを取り出す

　統計では、大規模な集団について考えるとき、その一部を取り出して調べることがあります。このときもとになる集団全体を**母集団**といいます。一方、取り出して調査する集団の一部のことを**標本（サンプル）**といいます。たとえばりんごの場合には大規模な果樹園のりんご全体から、いくつかのりんごを標本として調べて重量を測定することになるわけです。

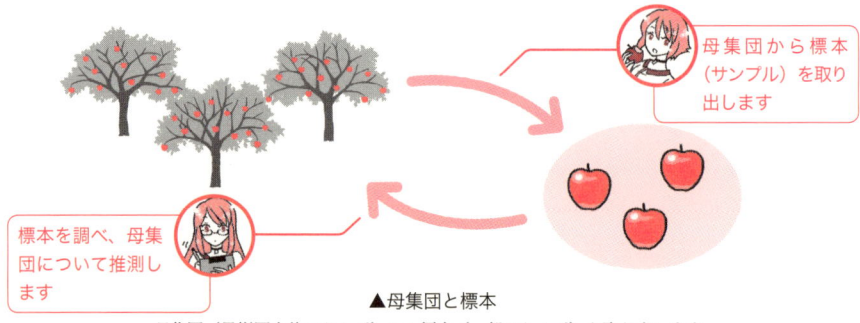

母集団から標本（サンプル）を取り出します

標本を調べ、母集団について推測します

▲母集団と標本
母集団（果樹園全体のりんご）から標本（一部のりんご）を取り出します。

●標本サンプルの取り出し方に気を付ける

　母集団から標本サンプルを取り出す方法にはいろいろな手法が考えられます。しかし、この結果取り出される標本サンプルは母集団グループを正しく反映しているものである必要があるでしょう。このとき標本サンプルの取り出し方として使われるのが**無作為抽出法**です。無作為抽出法ではどのデータも同じ確率でランダムに抽出されるようにします。つまりどのりんごも同じ確率で選ばれるようにする必要があるのです。

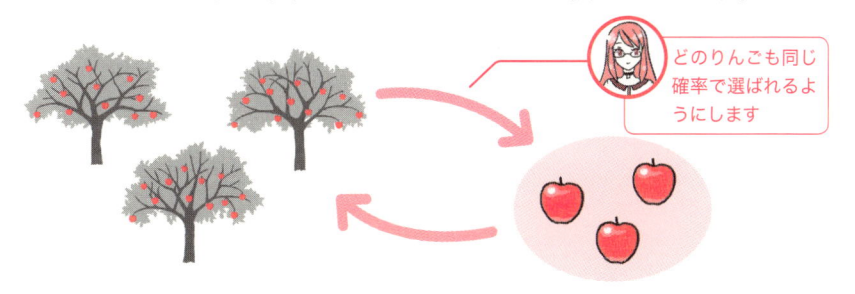

▲標本の抽出
すべてのデータが同じ確率で取り出されるように標本を抽出します。

●標本から母集団を推測しよう

　母集団グループから標本を取り出したら、さっそくこの標本データを調べることになります。果樹園から取り出したサンプルのりんごを調べるのです。

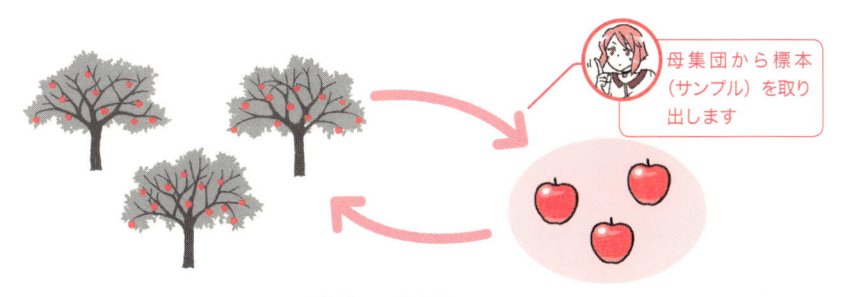

▲標本データを調べる
標本について、平均や分散などの指標を調べることができます。

私たちは母集団全体の指標を調べることはできないかもしれません。ですが、標本について調査を行うことができます。たとえば標本サンプルの平均や分散といった指標を調べることができるでしょう。
　そしてこの取り出した標本に関する指標から、実際の母集団の平均や分散といった指標がどのようなものであるのかを分析していくことになります。

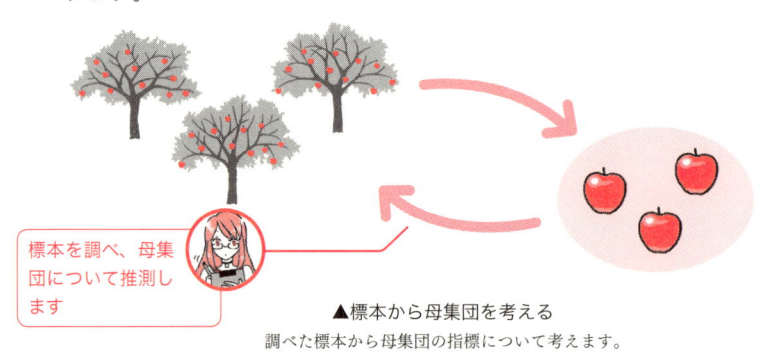

標本を調べ、母集団について推測します

▲標本から母集団を考える
調べた標本から母集団の指標について考えます。

　さて、ここで標本の取り出し方によって、データの値は変わってくると考えられることに注意しておいてください。ある機会に取り出した標本のりんご平均重量は187グラムかもしれませんが、別の取り出し方によると標本の平均重量は193グラムになるかもしれません。

平均重量は187グラムになるかもしれません

平均重量は193グラムになるかもしれません

▲標本データはいつも同じであるわけではない
標本データはさまざまな値をとることになります。

私たちはこのような不確実な値をとる標本データから母集団がどのようなものであるのかを考えていくことになります。

　標本から母集団について分析することを**推測**といいます。推測においては、正しい母集団グループがどのようなものであるかを断定することはできないことに注意することが必要です。標本から母集団を推測する場合、そこには確率が入り込むことに注意する必要があります。

Column／推測の方法

推測には推定や検定といった手法があります。推定は母集団の平均や分散について推測するものです。検定は母集団の指標について仮説をたて、この仮説について検証する手法です。この章では推定の手法について考えていくことにしましょう。

理解度確認！(3.1)

次の質問について○×で答えよ。
1) 母集団から標本を抽出し、その平均を計算すると常に母集団の平均に一致する。
2) 母集団から標本を抽出し、その平均を計算すれば、母集団の平均値を確定的に述べることができる。

（解答は p.206）

3.2 サンプルから推定しよう〜推定

◉サンプルから推定しよう

それでは推測の方法についてみていくことにしましょう。取り出した標本をもとに母集団に関する指標を推測することを**推定**といいます。

たとえば果樹園から標本として採取したりんご重量の平均を計算し、これをもとにして果樹園全体のりんご重量の平均を推測することが推定です。

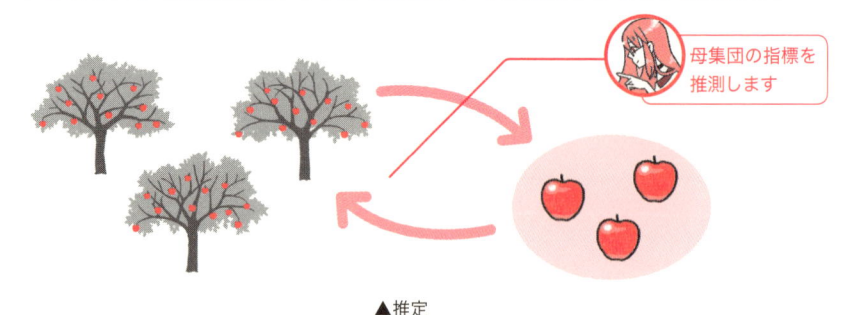

母集団の指標を推測します

▲推定
母集団の平均や分散などの指標を推測します。

◉推定にはどんな種類があるの？

推定の方法にはいろいろあります。

■点推定

点推定は、母集団グループの指標そのものを推測する方法です。1点の値をあげて推定を行います。たとえば「母集団のりんごの平均重量は180グラム」という形で推測を行うのです。ただし標本を調べただけで母集団の指標について断じることはできませんから、この推定には誤差が生じることに注意する必要があります。

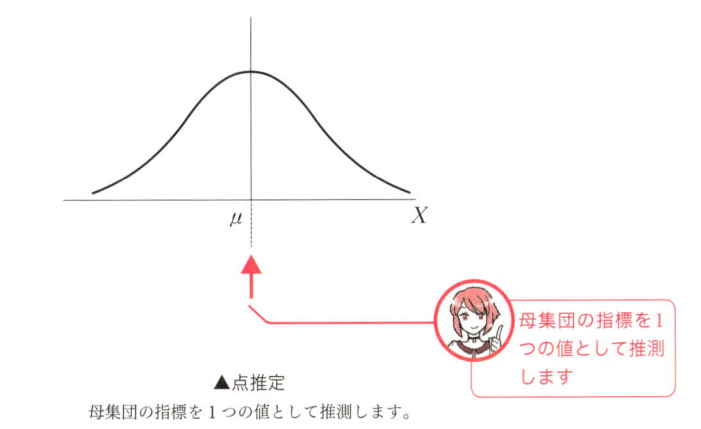

▲点推定
母集団の指標を1つの値として推測します。

> 母集団の指標を1つの値として推測します

■区間推定

区間推定は母集団グループの指標がある区間にある確率で入っていると推測する方法です。幅を持たせた区間をあげて推定を行うのです。区間推定については次の節でくわしく学ぶことにしましょう。

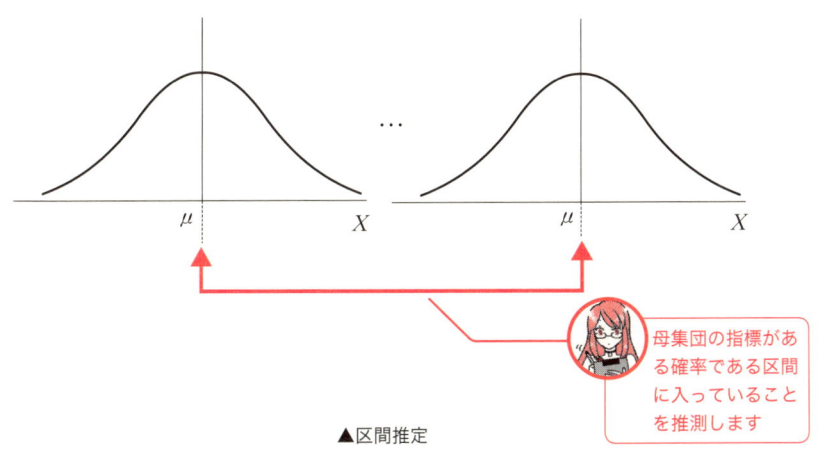

▲区間推定
母集団の指標がある確率である区間に入っていることを推測します。

> 母集団の指標がある確率である区間に入っていることを推測します

◉推定にはどんな性質が必要？

　ここで、点推定の場合にどのような量を母集団を推定する値として考えればよいのかを紹介しておくことにしましょう。母集団の推定値として使える量はどのようなものである必要があるのでしょうか。推定量については次のような性質が求められることになります。

■不偏性
　推定しようとする母集団の指標（母数）の周りに偏りなく推定する量が分布することが必要です。

■一致性
　標本数を増やしていった場合に、推定量が母数に一致していくことが必要です。

■有効性
　いくつかの不偏性・一致性をもつ値がある場合には、推定量のばらつきがより少ない量であることが必要です。

◉平均を点推定しよう

　たとえば母集団が正規分布をするときを考えてみましょう。このような母集団の平均（母平均）μの点推定値としては標本平均を使います。これは標本平均が不偏性・一致性・有効性を満たすからです。

$$\text{母平均}\mu\text{の推定値} \Rightarrow \text{標本平均}\ \frac{\sum_{i=1}^{n} X_i}{n}$$

●分散を点推定しよう

ただし母分散 σ^2 の点推定値としては1章で紹介した分散ではなく、異なる値を使うことが普通です。

母分散を推定するには、次のように偏差平方和を「データ数－1」、つまり「標本数－1」で割った分散を使います。1章で紹介した分散は「データ数」で割っていました。この分散は「標本数」で割るよりも少し大きい値になるわけです。

母分散 σ^2 の推定値 ➡ 標本不偏分散 $\dfrac{\sum_{i=1}^{n}(X_i - \overline{X})^2}{n-1}$

> 標本数による分散は一般的に「標本数－1」で割った値を使います

1章で紹介した分散は一致性・有効性を満たしますが不偏性を満たしません。データ数－1で割ったこちらの分散が不偏性を満たすのです。このため、データ数－1で割った分散は**不偏分散（標本不偏分散）**とも呼ばれます。また、データ数－1は**自由度**とも呼ばれています。

Column／標本分散と自由度

どうして推定値としてデータ数（標本数）で割った分散ではなく、データ数 −1 で割った不偏分散を利用するのでしょうか。これは標本分散を算出する際に標本平均が使われていることによっています。

分散を計算する際の式をよくみてください。分散の計算式中の分子 $\sum(X_i - \overline{X})^2$ では、標本平均からの差である偏差を二乗していますが、この偏差 $(X_i - \overline{X})$ の総和は偏差と平均の定義から必ず0となります。そのため総和の最後に加算する $(X_n - \overline{X})$ の値は、他のデータによって決まってしまい、ばらつくことはできません。このためデータ数で割るとばらつきの値としては小さくなってしまうのです。

そこで標本分散を求める際にはデータ数から1ひいた数で割ることになります。これは上述のとおり標本の分散を計算しようとする際に自由に動ける値が1つ減っていることによります。自由度とは自由に動ける変数の数から来ている言葉です。標本の分散を調べる際には自由度を1つ減らして計算することにします。

なお、これから標本を使って推測を行う場合には、自由度で割った標本不偏分散を使うことにしましょう。なおExcelではデータ数 −1 で割って分散・標準偏差を求める関数として以下の関数を使うことができます。

内容	関数
不偏分散	VAR(範囲)
不偏標準偏差	STDEV(範囲)

▲ Excel の関数（不偏分散・不偏標準偏差）

3.3 幅を取って考えよう 〜区間推定

●区間推定してみよう

　幅をもった区間に指標がある確率で入る形で述べる推定を、**区間推定**といいます。区間推定ではたとえば次のように推定することになります。

「169.5グラム以上178.5グラム以下の区間に、
95%以上の確率で母平均を含む」

　このときの確率を**信頼係数**、母集団の指標（母数）が含まれる可能性がある区間を**信頼区間**といいます。たとえばこの場合は95%が信頼係数、169.5グラム以上178.5グラム以下が信頼区間となります。

●標本平均の分布を考えてみる

　それではどのように考えればこのようなことがいえるのでしょうか？
　ここでは母集団データが正規分布をする場合（正規母集団）を考えてみましょう。このとき、取り出した標本の平均を計算してみると、さまざまな値をとる可能性があるでしょう。
　ただし、この標本平均の分布と母集団の分布には一定の関係があります。この標本平均もまた、正規分布することが知られているのです。母集団分布と標本平均の分布は次のような関係となっています。

正規母集団とその標本平均の分布の関係
（母分散がわかっている場合）

母集団 X が、平均 μ、分散 σ^2 の正規分布をとるとき、標本平均 $\overline{X}$ は、平均 μ、分散 σ^2/n（標準偏差 $\sigma/\sqrt{n}$）の正規分布となる。

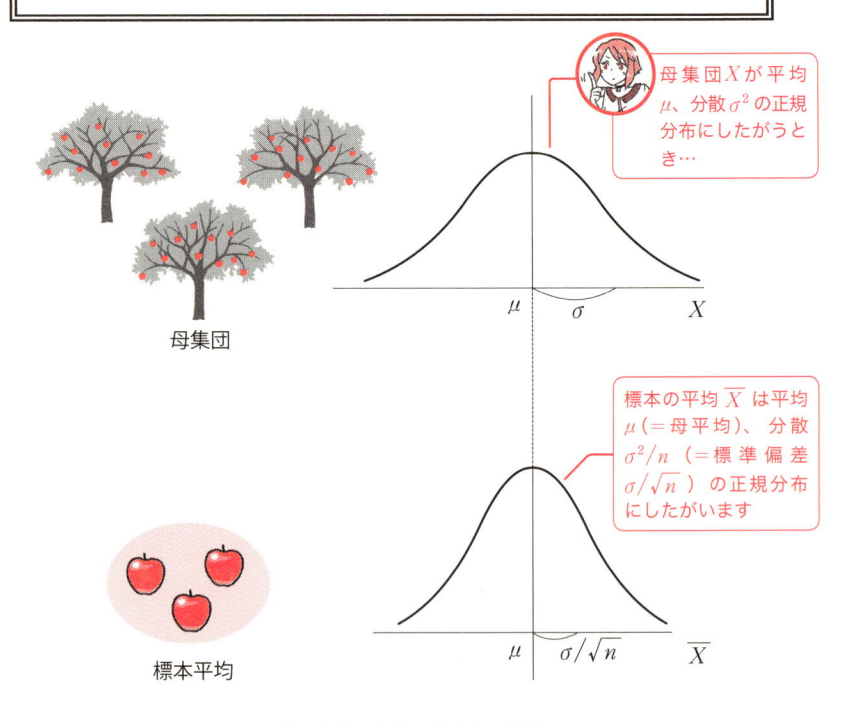

母集団 X が平均 μ、分散 σ^2 の正規分布にしたがうとき…

母集団

標本の平均 $\overline{X}$ は平均 μ（＝母平均）、分散 σ^2/n（＝標準偏差 $\sigma/\sqrt{n}$）の正規分布にしたがいます

標本平均

▲母集団分布と標本平均分布の関係

　標本平均の分布は母集団分布と同様に、母集団分布の平均 μ（母平均）を平均とする正規分布となりますが、その分散は母集団分布の分散 σ^2（母分散）を標本数 n で割ったものとなるのです。
　私たちはこうした母集団と標本分布の関係を利用して、これから推測を行っていくことになります。

Column　標本に関する量と分布

一般的に、私たちは母集団の分布と標本に関する分布の関係を利用して推測を行うことになります。このとき標本に関する量は**統計量**と呼ばれます。標本に関する分布は**標本分布**と呼ばれます。ここでは標本平均を統計量とし、その標本平均の分布（標本分布）が母集団分布の指標に関連する正規分布であることを利用しようとしているのです。

このほかにもこれからさまざまな関係を使っていきますので注意してみるようにしてください。

●標本平均を観察してみると？

ここで紹介したように、母集団分布と標本分布には一定の関係があります。この関係を利用すると、標本平均を調べることによって、母平均がある確率で入っている区間を求めることができます。

たとえば標本平均があらわれる確率が α である区間があったと考えてみてください。標本平均 $\overline{X}$ を調査して計算したとき、母平均が小さいと考えられる状況での標本分布と標本平均は次ページ左図のような位置関係になっているでしょう。逆に母平均が大きいと考えられる状況での標本分布と標本平均は右図のような位置関係になっているでしょう。

標本平均は α の確率で網掛けの区間内にあらわれるわけです。このことを利用して、母平均 μ が α% の確率で存在している範囲を求めることができるのです。

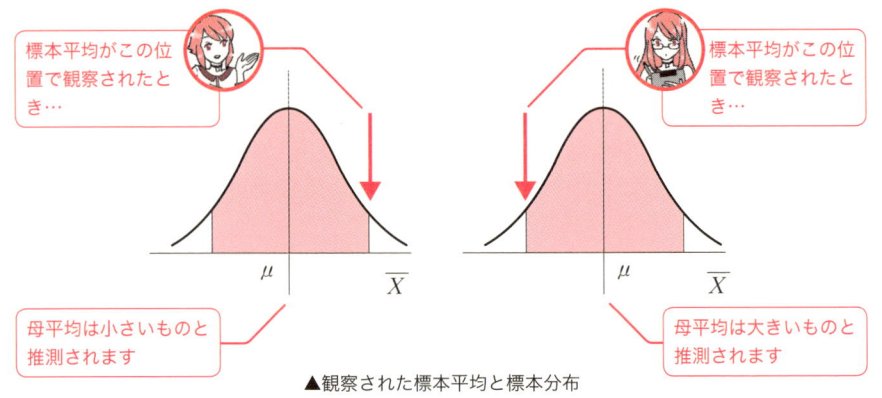

標本平均がこの位置で観察されたとき…

母平均は小さいものと推測されます

標本平均がこの位置で観察されたとき…

母平均は大きいものと推測されます

▲観察された標本平均と標本分布
母平均が小さいと考えられる場合（左）と母平均が大きいと考えられる場合（右）

●正規分布上で考えてみよう

それでは実際にどのようになるのか考えていきましょう。標本平均分布上で次のように標本平均について考えることで、母平均が入る区間を求めることができます。

① ある標本平均 $\overline{X}$ の値が観察されたとします。
② ある標本平均 $\overline{X}$ の値は α（網掛け面積）確率で標本分布上の区間 $[-X_\alpha, X_\alpha]$ にあるはずなので……
③ 母平均 μ が網掛け面積の確率で存在する区間を求めることができます。

② ある標本平均 $\overline{X}$ の値は α（網掛け面積）確率で区間 $[-X_\alpha, X_\alpha]$ にあるはずなので…

① 調査の結果、ある標本平均 $\overline{X}$ の値が観察されたとします

③ 母平均 μ が網掛け面積の確率で入る区間を求めることができます

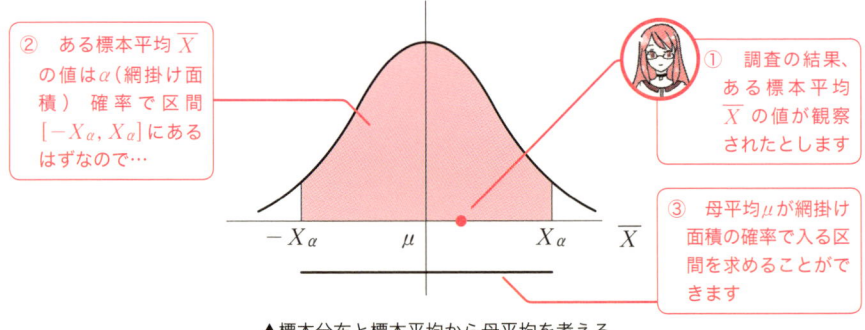

▲標本分布と標本平均から母平均を考える

● 正規分布上で考えてみよう

これをよりわかりやすくするために標準正規分布上で考えてみましょう。標本平均を標準化し、標準化した値Zにしてみます。なお、ここでは標本平均分布の平均・標準偏差で標準化しますので、μをひき、$\sigma/\sqrt{n}$で割ることに注意してください。

$$Z = \frac{\overline{X} - \mu}{\sigma/\sqrt{n}}$$

平均μを引きます

標準偏差$\sigma/\sqrt{n}$で割ります

すると、標本から母集団の指標を区間推定する問題は、次のように考えることができるでしょう。

① ある標本平均$\overline{X}$を標準化した値Zが観察されたとします。
② Zの値はα（網掛け面積）確率で標準正規分布上の区間$[-Z_\alpha, Z_\alpha]$にあるはずなので……
③ 母平均μが網掛け面積の確率で存在する区間を求めることができます。

一般的に統計上の計算を行う場合にはこのように標準正規分布で考えることが普通です。

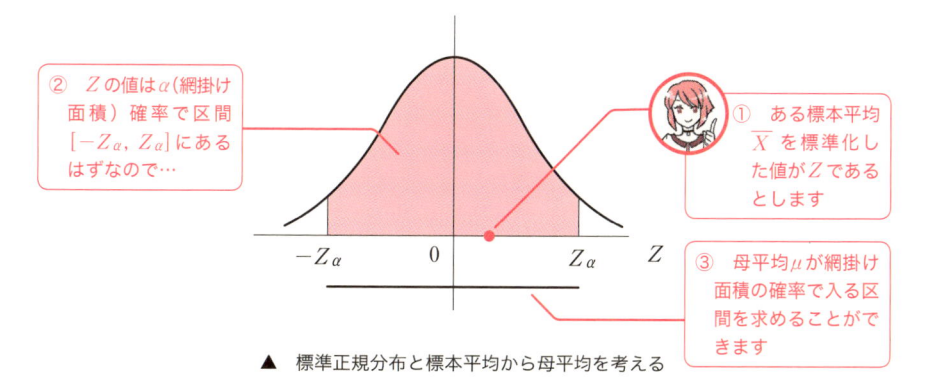

② Zの値はα（網掛け面積）確率で区間$[-Z_\alpha, Z_\alpha]$にあるはずなので…

① ある標本平均$\overline{X}$を標準化した値がZであるとします。

③ 母平均μが網掛け面積の確率で入る区間を求めることができます。

▲ 標準正規分布と標本平均から母平均を考える

●信頼区間を求めてみよう

さて、このことを式上で考えてみましょう。第1章の例題（40ページ）でみたように、標準正規分布において、上側確率0.025に対応するZの値は1.96でした。このとき両端の2.5%を除いた区間（網掛け部分）を考えると、平均を中心とした区間に対応する確率は95%となると考えられます。

つまり標本平均$\overline{X}$を標準化したZの値は、95%の確率で$-1.96 \leq Z \leq 1.96$の区間にあらわれるわけです。$Z = \dfrac{\overline{X} - \mu}{\sigma/\sqrt{n}}$は95%の確率で次の区間にあらわれることになります。

$$-1.96 \leq \dfrac{\overline{X} - \mu}{\sigma\sqrt{n}} \leq 1.96$$

> 網掛け部分の確率は95%、両端部分の確率は各2.5%となっています

> $Z = \dfrac{\overline{X} - \mu}{\sigma/\sqrt{n}}$は95%の確率で$[-1.96, 1.96]$にあらわれます

▲信頼区間を求める

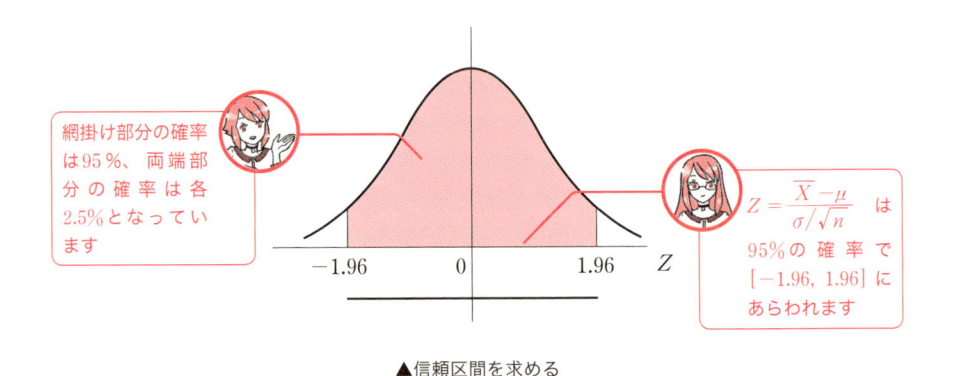

この式を変形することによって、母平均μが95%の確率で入っている区間は次のようになることがわかります。

> 母平均μが95%の確率で入っている区間です

$$\overline{X} - 1.96 \times \sigma/\sqrt{n} \leq \mu \leq \overline{X} + 1.96 \times \sigma/\sqrt{n}$$

この式では母平均の値はわかっていませんが、標本数nと標本平均$\overline{X}$の値はわかっていることに注意してみてください。ここでもし母集団の分散（母分散σ^2）の値がわかっているならば、この式の$\overline{X}$、n、σに値を代入し、母平均μが95%の確率で存在する区間を求めることができるのです。つまりそれは次のような区間となります。

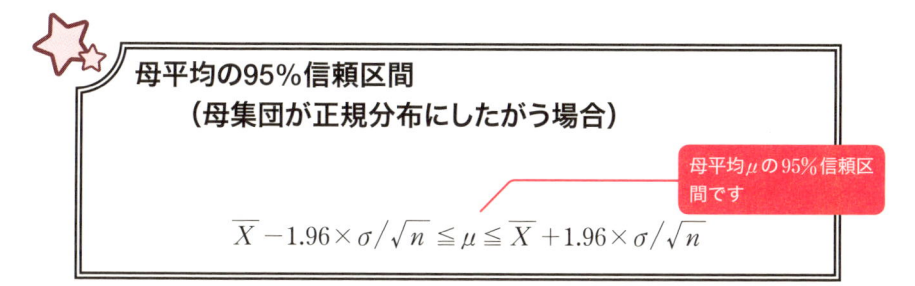

母平均の95%信頼区間
（母集団が正規分布にしたがう場合）

$$\overline{X} - 1.96 \times \sigma/\sqrt{n} \leqq \mu \leqq \overline{X} + 1.96 \times \sigma/\sqrt{n}$$

母平均μの95%信頼区間です

● いろいろな信頼係数で考えてみる

なお上の場合は95%信頼区間で計算していることに注意してください。信頼係数は90%や99%とすることもあります。たとえば90%の場合は次のようになります。

$$-1.65 \leqq \frac{\overline{X} - \mu}{\sigma/\sqrt{n}} \leqq 1.65$$

$$\overline{X} - 1.65 \times \sigma/\sqrt{n} \leqq \mu \leqq \overline{X} + 1.65 \times \sigma/\sqrt{n}$$

母平均μが90%の確率で入っている区間です

90%の場合は95%の場合よりも狭い区間に入ることを推定しています。逆に99%では広い区間に入ることを推定することになります。

90%であればより絞った区間に入ることを推定できるでしょう。逆に99%などの高い確率で母平均が存在する区間を述べるためには、その区間の範囲を広くとって述べなければなりません。これは直感的にも理解できる感覚でしょう。次の節では、実際にこれらの式を使って区間推定を行ってみましょう。

母平均の信頼区間（母集団が正規分布にしたがう場合）

・90%
$$\overline{X} - 1.65 \times \sigma/\sqrt{n} \leq \mu \leq \overline{X} + 1.65 \times \sigma/\sqrt{n}$$

母平均μの90%信頼区間です

・95%
$$\overline{X} - 1.96 \times \sigma/\sqrt{n} \leq \mu \leq \overline{X} + 1.96 \times \sigma/\sqrt{n}$$

母平均μの95%信頼区間です

・99%
$$\overline{X} - 2.58 \times \sigma/\sqrt{n} \leq \mu \leq \overline{X} + 2.58 \times \sigma/\sqrt{n}$$

母平均μの99%信頼区間です

3.4 区間推定をやってみよう

◉区間推定に挑戦しよう

それではこの節では実際に区間推定を行ってみることにしましょう。

例題 果樹園から20個のりんごを取り出して調べたところ、次の重量データが得られた。果樹園全体のりんごの平均重量について95%信頼区間を求めよ。ただし果樹園全体のりんごの重量は正規分布し、その分散は940であるとわかっているものとする。

> 果樹園のりんごのうち一部のデータを調査しました

番号	重量（グラム）	番号	重量（グラム）
1	173	11	195
2	153	12	232
3	128	13	187
4	212	14	202
5	137	15	167
6	143	16	221
7	197	17	197
8	220	18	216
9	184	19	235
10	205	20	176

▲りんごの重量データ（標本）

解答 まず標本データから平均を求めておきましょう。

$$\frac{173+153+\cdots+235+176}{20} = 189.0$$

> 標本平均です

標準正規分布上で95%の確率で $Z = \dfrac{\overline{X} - \mu}{\sigma/\sqrt{n}}$ があらわれる区間は次のようになるのでした。

$$-1.96 \leqq \dfrac{\overline{X} - \mu}{\sigma/\sqrt{n}} \leqq 1.96$$

> $Z = \dfrac{\overline{X} - \mu}{\sigma/\sqrt{n}}$ は95%の確率で $[-1.96, 1.96]$ にあらわれます

またこの式を変形すると、母平均 μ が95%の確率で入っている区間は次のようになることがわかります。

$$\overline{X} - 1.96 \times \sigma/\sqrt{n} \leqq \mu \leqq \overline{X} + 1.96 \times \sigma/\sqrt{n}$$

> 母平均 μ が95%の確率で入っている区間です

ここで標本数 n、母分散 σ^2 の値を代入してみます。

$$\overline{X} - 1.96 \times \sqrt{940}/\sqrt{20} \leqq \mu \leqq \overline{X} + 1.96 \times \sqrt{940}/\sqrt{20}$$
$$\overline{X} - 13.437 \leqq \mu \leqq \overline{X} + 13.437$$

この式から、母平均 μ の95%信頼区間は次のようになることがわかります。

$$189 - 13.437 \leqq \mu \leqq 189 + 13.437$$
$$175.56 \leqq \mu \leqq 202.44$$

母平均 μ の 95% 信頼区間です

母集団の平均、すなわち果樹園全体のりんごの平均重量は 95% の確率で 175.56 グラム以上 202.44 グラム以下であると推定できます。なお、母集団の平均がとても小さい 100 グラムやとても大きい 250 グラムである可能性がないわけではありませんが、その可能性は 5% 未満であると考えられていることに注意しておいてください。

それではもう 1 つの事例で練習してみましょう。

練習

ある工場で生産する製品の重量は分散 210 の正規分布にしたがっている。30 個の標本を調べたところ、平均 132 グラムだった。この工場の製品の平均重量について 90% 信頼区間を求めよ。

解答

標準正規分布上で Z が 90% の確率であらわれる区間は次のようになります。

$$-1.65 \leqq \frac{\overline{X} - \mu}{\sigma / \sqrt{n}} \leqq 1.65$$

$Z = \dfrac{\overline{X} - \mu}{\sigma / \sqrt{n}}$ は 90% の確率で $[-1.65, 1.65]$ にあらわれます

この式を変形することで、母平均 μ が 90% の確率で存在する区間は次のようになります。

$$\overline{X} - 1.65 \times \sigma/\sqrt{n} \leq \mu \leq \overline{X} + 1.65 \times \sigma/\sqrt{n}$$

> 母平均 μ が 90% の確率で入っている区間です

ここで母分散 σ^2 と標本数 n の値を考えます。

$$\overline{X} - 1.65 \times \sqrt{210}/\sqrt{30} \leq \mu \leq \overline{X} + 1.65 \times \sqrt{210}/\sqrt{30}$$

したがって母平均 μ の 90% 信頼区間は次のようになります。

$$\overline{X} - 4.3655 \leq \mu \leq \overline{X} + 4.3655$$
$$132 - 4.3655 \leq \mu \leq 132 + 4.3655$$
$$127.63 \leq \mu \leq 136.37$$

> 母平均 μ の 90% 信頼区間です

母集団の平均、すなわち工場で生産している製品の平均重量は 90% の確率で 127.63 グラム以上 136.37 グラム以下であると推定できます。

理解度確認！(3.4)

1) 製品 20 個を検品したところ、大きさの平均は 30.5 センチであった。母分散が 8.6 であるとき、この製品の大きさの平均について 95% 信頼区間を求めよ。
2) ある工場では味噌の樽詰めを行っている。樽詰めした味噌の容量について 20 個を調査したところ、平均は 22.01 リットルであった。母分散が 3.7 であるとき、この樽の容量について 95% 信頼区間を求めよ。

（解答は p.206）

3.5 実践で使ってみよう ～標本だけで推測するには？

●標本分散を使って推測する

前の節では母集団が正規分布をするとき、その母集団のばらつき方がわかっているものとして母分散 σ^2 の値を使って、母平均の区間推定を行ってみました。ただし、実際に母集団の平均を推測しようとする場合には、一般的に母分散の値についてわからないことが多いでしょう。

母分散 σ^2 の値がわからない場合、標本から調べた標本分散（標本不偏分散）s^2 を使って推測を行う方法が知られています。

このときには標本に関する量が次のように **t 分布** と呼ばれる分布にしたがう関係を使います。

> **正規分布母集団と標本平均の分布の関係（母分散が分からない場合）**
>
> 母集団 X が、平均 μ、分散 σ^2 の正規分布となっているとき、標本に関する統計量 $t = \dfrac{\overline{X} - \mu}{s/\sqrt{n}}$ が、自由度 $n-1$ の t 分布となる。

前の節と比較して、母分散 σ^2（母標準偏差 σ）ではなく標本分散 s^2（標本標準偏差 s）を使っていることに注意しておいてください。

母集団

母集団 X が平均 μ、分散 σ^2 の正規分布にしたがうとき…

標本に関する量 t

$t = \dfrac{\overline{X} - \mu}{s/\sqrt{n}}$ は自由度 $n-1$ の t 分布にしたがいます

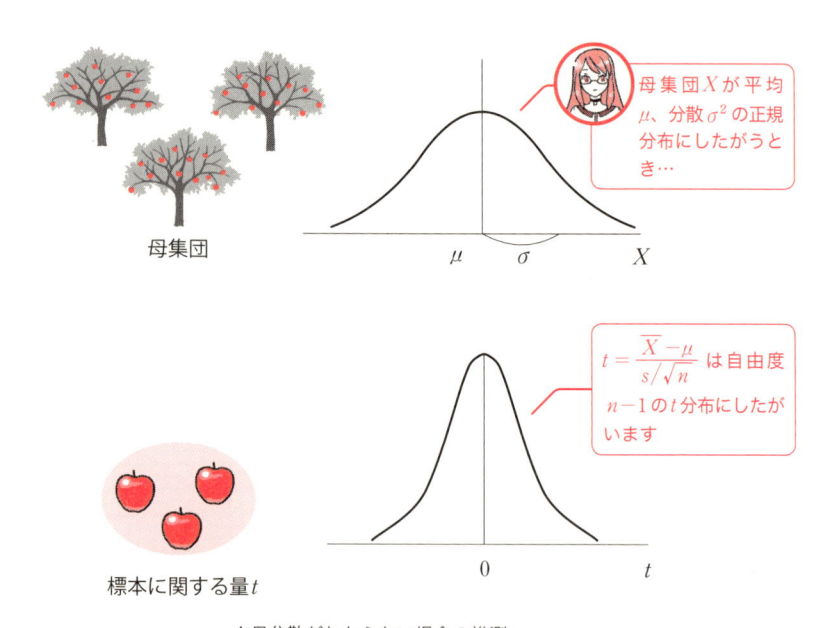

▲母分散がわからない場合の推測

母分散が分からない場合には標本に関する量 t が t 分布にしたがうことを利用します。

Column / t 分布が良く使われる

前の説で紹介した推定方法では母分散を使っていました。この節で紹介する方法では標本平均・標本分散という標本の値のみを使うことで推定を行うことができます。このため、実務的に統計を扱う際には、t 分布によって推測を行う機会が多くなっています。

●t分布とは?

　t分布は0を中心とした左右対称な分布です。データの数と関連する指標である「自由度」によって形が異なります。t分布は自由度が小さい場合、正規分布よりも裾野が広い形をしています。標本分布として扱う場合には、「標本数－1」を自由度として用います。

　なおt分布は自由度が大きい場合、つまりデータ数が多くなると、正規分布に近づくものとなっています。自由度が30を超える場合は正規分布とほとんど同じと考えることができます。

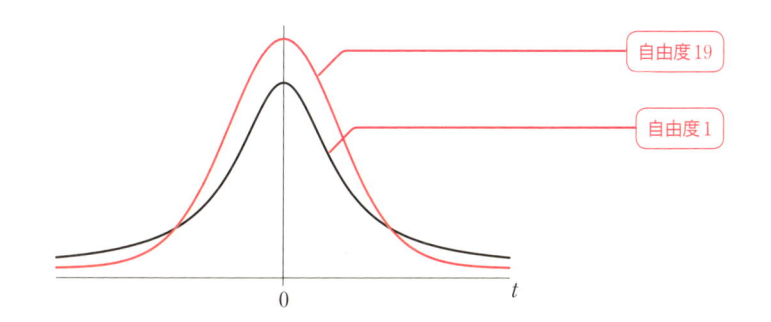

▲ t分布
t分布は自由度によって形が異なります。（自由度1＝太線、自由度19＝赤線）

●t分布の値を調べよう

　Excelの関数を使ってt分布の確率またはパーセント点を調べることができますのでおぼえておきましょう。

分布	関数	内容
t分布	TDIST()	パーセント点・自由度→確率を求める
	TINV()	確率・自由度→パーセント点を求める

▲ Excelの関数（t分布）

TDIST()関数では分布の両側の確率か片側の確率であるかを指定します。TINV()関数では両側確率を指定する必要があるため、片側確率の場合は2倍します。

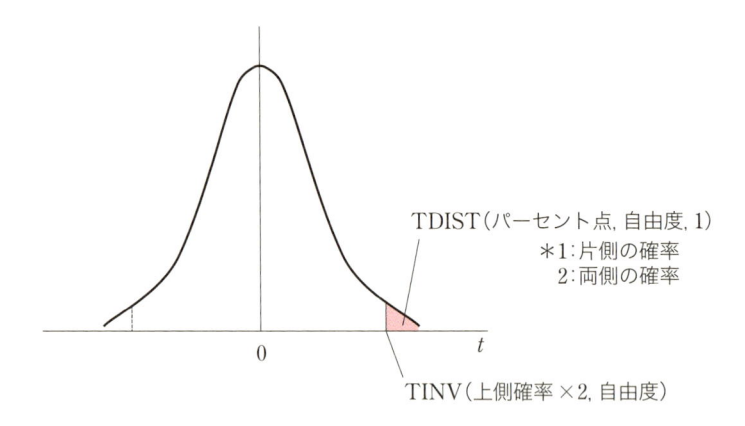

TDIST(パーセント点, 自由度, 1)
＊1：片側の確率
　2：両側の確率

TINV(上側確率×2, 自由度)

t分布でパーセント点・確率を求める練習をしてみましょう。

例題
1) 自由度19のt分布の上側2.5パーセント点を求めよ。
2) 自由度13のt分布で1.26以上である確率を求めよ。

解答
1) t分布上で確率からパーセント点を求める関数（TINV）を使います。自由度19のt分布の上側2.5パーセント点は$t = 2.093$となります。

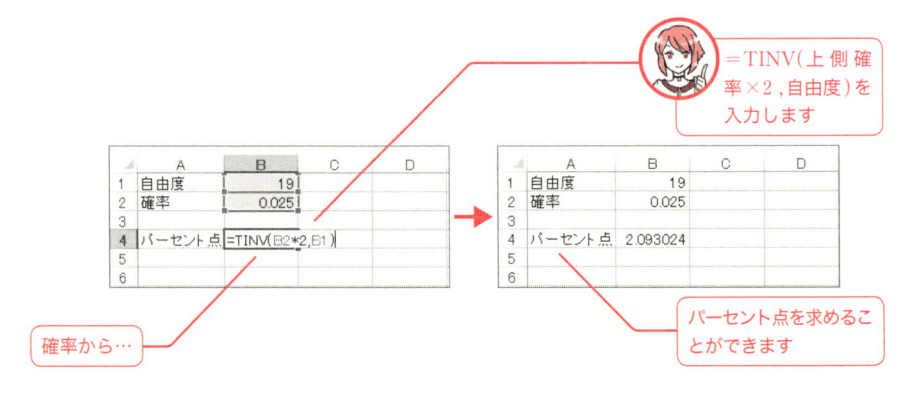

＝TINV(上側確率×2,自由度)を入力します

	A	B	C	D
1	自由度	19		
2	確率	0.025		
3				
4	パーセント点	=TINV(B2*2,B1)		
5				
6				

確率から…

	A	B	C	D
1	自由度	19		
2	確率	0.025		
3				
4	パーセント点	2.093024		
5				
6				

パーセント点を求めることができます

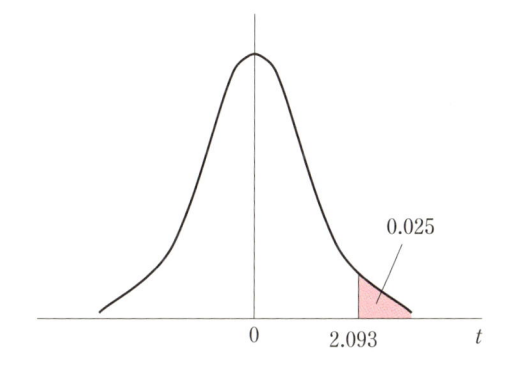

3.5 実践で使ってみよう〜標本だけで推測するには？

2) t 分布上でパーセント点から確率を求める関数（TDIST）を使います。自由度 13 の t 分布上で $t = 1.26$ に対応する上側確率は 0.013 です。したがって 1.26 以上である確率は 1.3% です。

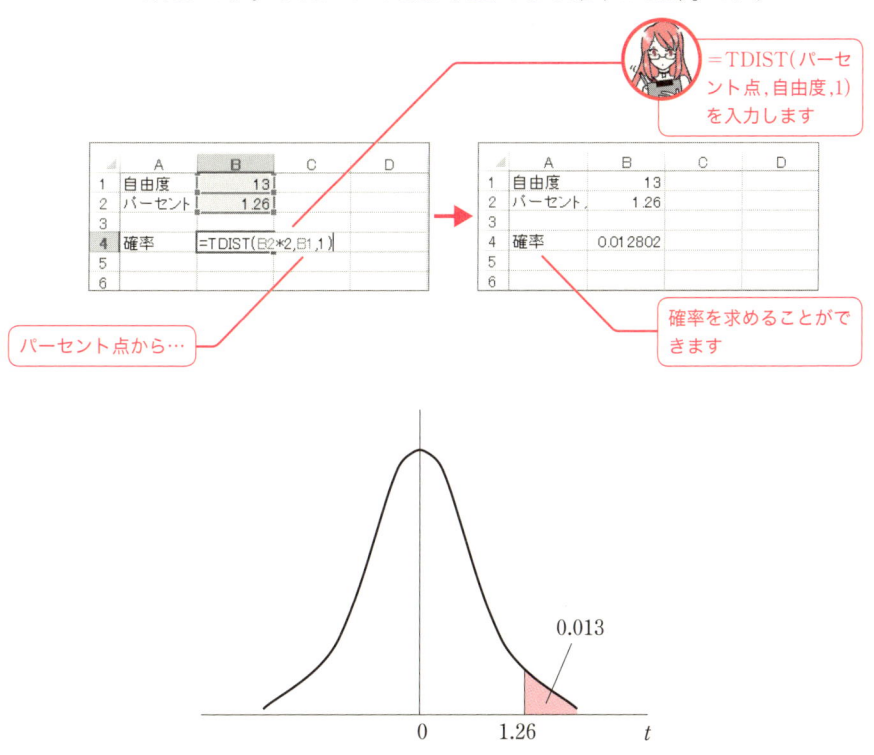

Column / t分布表

標準正規分布表で確率と値の対応を調べることができたように、t分布の確率（p）と値（t）の対応はt分布表でも知ることができます。たとえば自由度19、上側確率0.025に対応するtの値は2.093となっています。t分布表は上側確率pと自由度kの組合せからtの値を求める形になっています。本書では巻末にt分布表を掲載していますので参照してみてください。

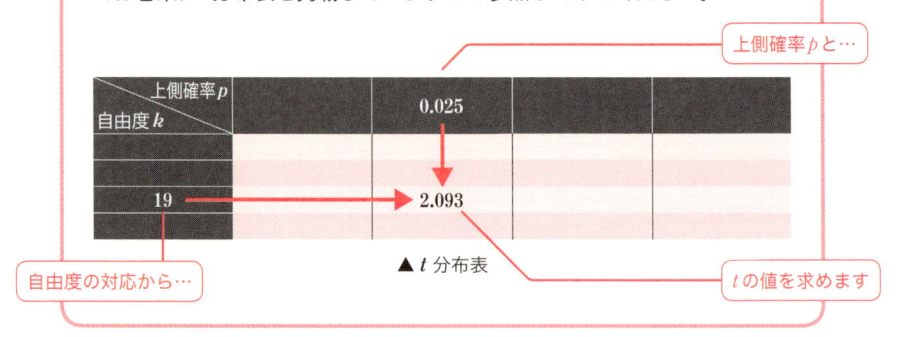

上側確率 p / 自由度 k		0.025		
19		2.093		

▲ t分布表

上側確率 p と…
自由度の対応から…
t の値を求めます

● t分布を使ってみよう

さて、それではt分布を使った推定を考えておきましょう。t分布の場合も正規分布と同様に考えることができます。

自由度19、上側確率0.025に対応するtの値は2.093ですから、$t = \dfrac{\overline{X} - \mu}{s/\sqrt{n}}$ の値は95%の確率で $-2.093 \leqq t \leqq 2.093$ の区間にあらわれるわけです。すなわち、$\dfrac{\overline{X} - \mu}{s/\sqrt{n}}$ は95%の確率で次の区間にあらわれることになります。

$$-2.093 \leqq \frac{\overline{X} - \mu}{s/\sqrt{n}} \leqq 2.093$$

3.5 実践で使ってみよう〜標本だけで推測するには？

> $t = \dfrac{\overline{X} - \mu}{s/\sqrt{n}}$ は95％の確率で $[-2.093, 2.093]$ にあります

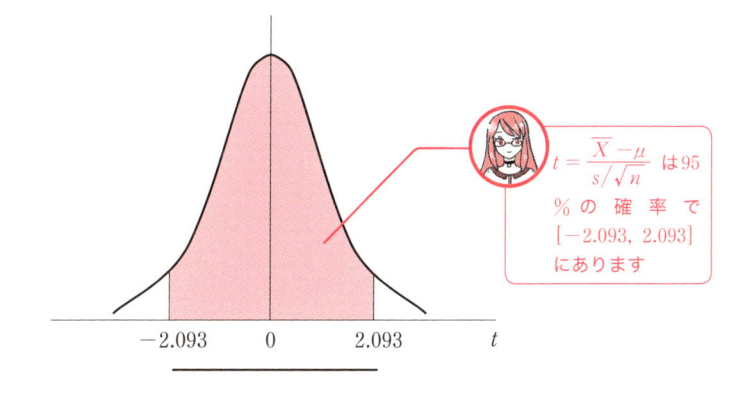

この式を変形すると、母平均μが95％の確率に入っている区間は次のようになることがわかります。こうした式をもとに母平均の信頼区間を求めることになります。

$$\overline{X} - 2.093 \times s/\sqrt{n} \leqq \mu \leqq \overline{X} + 2.093 \times s/\sqrt{n}$$

> 母平均μが95％の確率で入っている区間です

● t分布で推定しよう

それではt分布を用いて区間推定をしてみましょう。

例題 果樹園から20個のりんごを取り出して重量を調べたところ、次のようになった。果樹園全体のりんごの重量の平均について95％信頼区間を推定せよ。ただし果樹園全体のりんごの重量は正規分布するが、その分散はわからない。

番号	重量（グラム）	番号	重量（グラム）
1	173	11	195
2	153	12	232
3	128	13	187
4	212	14	202
5	137	15	167
6	143	16	221
7	197	17	197
8	220	18	216
9	184	19	235
10	205	20	176

▲りんごの重量データ（標本）

（標本データしかわかっていません）

解答 ここでは母分散がわからないので標本不偏分散と t 分布を使うことに注意してください。まず標本平均を求めてみましょう。

標本平均：

$$\frac{173+153+\cdots+235+176}{20} = 189.0$$

（標本平均を求めます）

次に標本不偏分散を求めます。この分散は「標本数 -1」で割ることに注意してください。

標本不偏分散：

$$\frac{(173-189)^2+(153-189)^2+\cdots+(235-189)^2+(176-189)^2}{(20-1)}$$
$$= 977.5$$

（標本数 -1 で割って標本不偏分散を求めます）

自由度 19 の t 分布上では t が 95% の確率であらわれる区間は次のようになるのでした。

$$-2.093 \leq \frac{\overline{X}-\mu}{s/\sqrt{n}} \leq 2.093$$

また、この式を変形すると、母平均 μ が 95% の確率で入っている区間は次のようになるのでした。

$$\overline{X} - 2.093 \times s/\sqrt{n} \leq \mu \leq \overline{X} + 2.093 \times s/\sqrt{n}$$

> 母平均 μ が 95% の確率で入っている区間です

ここでわかっている値を代入します。

$$\overline{X} - 2.093 \times \sqrt{977.5}/\sqrt{20} \leq \mu \leq \overline{X} + 2.093 \times \sqrt{977.5}/\sqrt{20}$$
$$\overline{X} - 14.632 \leq \mu \leq \overline{X} + 14.632$$
$$189 - 14.632 \leq \mu \leq 189 + 14.632$$

これで 95% 信頼区間を求めることができます。

$$174.368 \leq \mu \leq 203.632$$

> 母平均 μ の 95% 信頼区間です

母集団の平均は 95% の確率で 174.368 グラム以上 203.632 グラム以下であると考えられます。

もう 1 つの事例で練習してみましょう。

> **練習**
> ある畑に植えられている苗のうち 20 本の高さを調べたところ、平均は 15.2 センチ、不偏分散は 24.2 であった。この畑の苗の高さの平均について 95% 信頼区間を求めよ。

解答
　自由度19のt分布上でtが95%の確率であらわれる区間は次のようになるのでした。

$$-2.093 \leq \frac{\overline{X} - \mu}{s/\sqrt{n}} \leq 2.093$$

　また、この式を変形すると、母平均μが95%の確率で入っている区間は次のようになるのでした。

$$\overline{X} - 2.093 \times s/\sqrt{n} \leq \mu \leq \overline{X} + 2.093 \times s/\sqrt{n}$$

（母平均μが95%の確率で入っている区間です）

　ここでわかっている値を代入します。

$$\overline{X} - 2.093 \times \sqrt{24.2}/\sqrt{20} \leq \mu \leq \overline{X} + 2.093 \times \sqrt{24.2}/\sqrt{20}$$
$$\overline{X} - 2.302 \leq \mu \leq \overline{X} + 2.302$$
$$15.2 - 2.302 \leq \mu \leq 15.2 + 2.302$$
$$12.898 \leq \mu \leq 17.502$$

（母平均μの95%信頼区間です）

　母集団の平均は95%の確率で12.898センチ以上17.502センチ以下と推定できます。

Column／いろいろな推定

ここでは母集団の平均がどのようなものであるかについて推定を行いました。このほかにも母集団の比率や分散など、さまざまな推測を行うことができます。比率の推測はこの章で、分散の推測は5章でやってみましょう。

理解度確認！(3.5)

1) ある工場で生産されている綿製品 20 個を検品したところ、重量の平均は 70.1 グラム、不偏分散は 5.8 であった。この製品重量平均について 95% 信頼区間を求めよ。

2) 駅前のスタンドでテイクアウトコーヒーを販売している。売上金額について 20 日分を抽出したところ、平均は 15.6 万円、不偏分散は 11.1 であった。このスタンドの売上平均について 95% 信頼区間を求めよ。

（解答は p.206）

3.6 正規分布でない場合は？ 〜標本数が多ければ近似できる

●正規分布をしない場合には？

さて、母集団が正規分布する場合の平均の推定をみてきました。それでは母集団が正規分布でない場合はどうなるでしょうか？

このとき、母集団が正規分布でなかったとしても、標本数が多い場合には、標本平均は次の定理のように近似的に正規分布することが知られています。

> **中心極限定理**
>
> 標本数 n を大きくすると、母集団の分布にかかわらず、標本平均 $\overline{X}$ の分布は平均 μ、分散 σ^2/n の正規分布に近似的にしたがう。
> （ただし μ は母平均、σ^2 は母分散）

これは多くのデータを扱う際、経験的にもよく知られている次の法則をより詳しくしたものとなっています。

> **大数の法則**
>
> 標本数 n を大きくすると、その標本平均は母集団の平均に近づく。

標本数が30以上の場合は、標本数が大きいものとして正規分布を使うことができると考えられています。

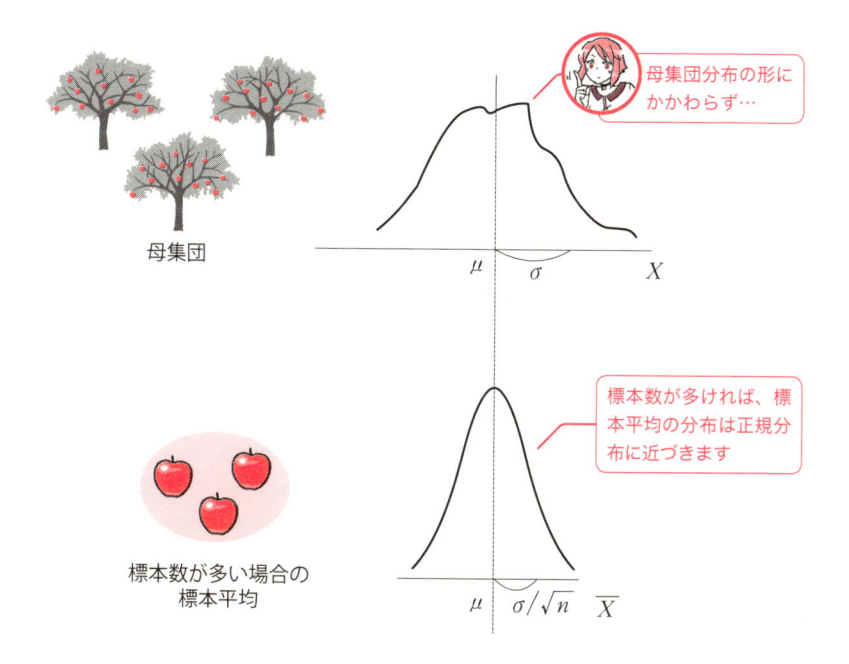

3.6 正規分布でない場合は？〜標本数が多ければ近似できる

母集団

母集団分布の形にかかわらず…

標本数が多い場合の標本平均

標本数が多ければ、標本平均の分布は正規分布に近づきます

▲標本数が多い場合
母集団分布の形にかかわらず、標本数が多いときには標本平均の分布は正規分布に近づきます。

このことをもとにして、標本数が多い場合に母集団の比率の推定などを行うことができます。次の節でみていくことにしましょう。

3.7 比率を推定してみよう

●母集団の比率を推定しよう

　ある果樹園では、普通のりんごと蜜入りりんごの2種類のりんごが収穫できるとします。このとき収穫されたりんごのうちどのくらいの割合のりんごが蜜入りりんごであるかを推測することを考えてみましょう。収穫されたりんごから標本を取り出し、そのうちの蜜入りりんごの比率を調べることで、母集団における蜜入りりんごの比率（母比率）を推定するのです。

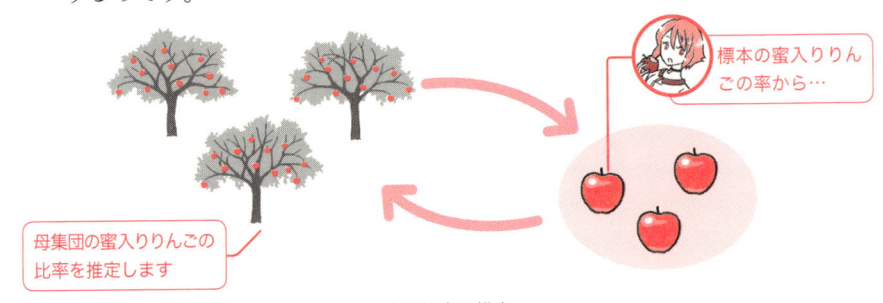

▲母比率の推定

　母集団の比率を推定することがあります。

　これは「Aか、Aでないか」という2通りの状況がn回（n個）起こる場合に、Aである比率pについて考えていることになります。n個のりんごのうち、蜜入りりんごの比率pを考えるのです。

　このようにAかAでないかという事象がpの比率で起こる場合に、Aがx回起こる回数とその確率の対応をあらわした分布を**二項分布**と呼びます。この分布は正規分布ではありませんが、標本数が多い場合に標本比率が正規分布に近似することを利用すれば、母集団の比率（母比率）の推測を行うことができます。

二項分布にしたがう母集団からの標本比率の分布

統計量：X/n （標本比率）
分布：平均$=p$、分散$=(p(1-p))/n$ の正規分布に近似する
（ただし p は母集団の比率、n は標本数）

Column / 二項分布

二項分布は離散型の分布で、試行回数 n と比率 p によって形が決まります。試行回数 n が多い場合は正規分布の形状に近づきます。

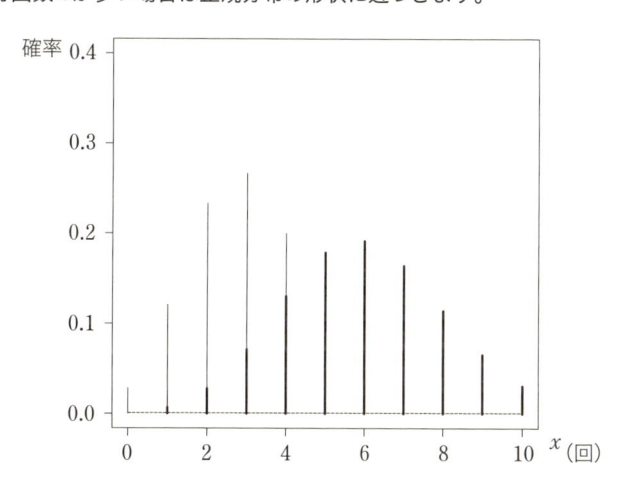

▲二項分布（比率 $p = 0.3$ において試行回数 10 回（細線）と 20 回（太線）の場合）

たとえば次の問題を考えてみましょう。

例題 果樹園で収穫される多数のりんごのうち、200個を無作為抽出して調べたところ、高級果物店に卸すことができる蜜入りりんごは全体の32.5%であった。果樹園全体に対する蜜入りりんごの比率について95%信頼区間を求めよ。

解答 母集団は二項分布にしたがうことになります。標本数が200で十分に大きいと考えられるため、標本比率X/nがしたがう分布は正規分布に近似することができます。まず標準化を行います。

$$Z = \frac{X/n - p}{\sqrt{(p(1-p))/n}}$$

Zが95%であらわれる区間は次のようになります。

$$-1.96 \leq \frac{X/n - p}{\sqrt{(p(1-p))/n}} \leq 1.96$$

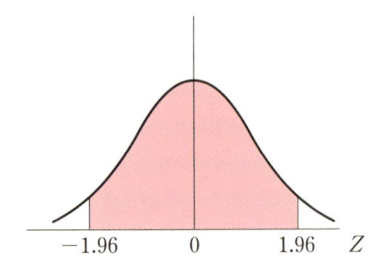

> Zが95%の確率であらわれる区間です

pについての式に変形しておきましょう。

$$X/n - 1.96\sqrt{(p(1-p))/n} \leq p \leq X/n + 1.96\sqrt{(p(1-p))/n}$$

ここで標本数nが十分に大きいとき、上式の両端に含まれている母集団の比率pの値は標本の比率X/nの値で近似できると考えられます。このため次の式とすることができます。

> 標本数が多いので p の値を X/n の値に置き換えることができます

$$X/n - 1.96\sqrt{(X/n(1-X/n))/n} \leq p \leq X/n + 1.96\sqrt{(X/n(1-X/n))/n}$$

標本比率 $X/n = 0.325$ を代入してみましょう。

$$0.325 - 1.96\sqrt{(0.325 \times 0.675)/200} \leq p \leq 0.325 + 1.96\sqrt{(0.325 \times 0.675)/200}$$
$$0.325 - 0.065 \leq p \leq 0.325 + 0.065$$

母比率 p の 95% 信頼区間は次のようになります。

> 母比率 p の 95% 信頼区間です

$$0.260 \leq p \leq 0.390$$

したがって蜜入りりんごの比率の 95% 信頼区間は 26.0% 以上 39.0% 以下となります。

このような事例にはさまざまな応用が考えられます。次の事例も検討してみましょう。

> **練習**
> ある工場で大量生産している製品について、合格と不合格をつけている。200 個の標本を取り出したところ、合格は 193 個、不合格は 7 個だった。工場全体の製品の合格率について 95% 信頼区間を求めよ。

解答

標本数が200で十分に大きいと考えられるため、標本比率 X/n がしたがう分布は正規分布に近似することができます。

$$Z = \frac{X/n - p}{\sqrt{(p(1-p))/n}}$$

Z が95%であらわれる区間は次のようになります。

$$-1.96 \leq \frac{X/n - p}{\sqrt{(p(1-p))/n}} \leq 1.96$$

> Z が95%の確率であらわれる区間です

p について変形し、p の値を X/n の値で置き換えます。

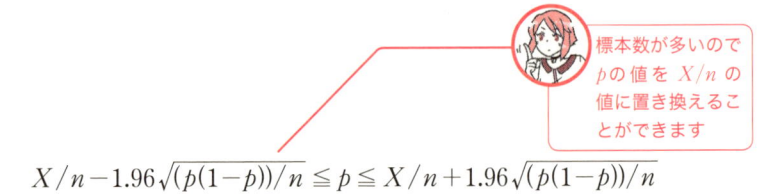

> 標本数が多いので p の値を X/n の値に置き換えることができます

$$X/n - 1.96\sqrt{(p(1-p))/n} \leq p \leq X/n + 1.96\sqrt{(p(1-p))/n}$$

標本比率は $X/n = 193 \div 200 = 0.965$ です。

$$0.965 - 1.96\sqrt{(0.965 \times 0.035)/200} \leq p \leq 0.965 + 1.96\sqrt{(0.965 \times 0.035)/200}$$
$$0.965 - 0.0255 \leq p \leq 0.965 + 0.0255$$

よって、母比率 p の95%信頼区間は次のようになります。

$$0.940 \leq p \leq 0.991$$

> 母比率の95%信頼区間です

製品の合格率の95%信頼区間は94.0%以上99.1%以下と推定されます。

いろいろな事例に挑戦してみてください。

Column / ポアソン分布

二項分布において、A のおこる比率 p が非常に小さい試行を非常に大きい回数（n 回）行ったとき、x 回 A が起こる確率をあらわした分布を**ポアソン分布**といいます。ポアソン分布は二項分布の特殊な場合です。製品を大量生産する際に非常に少ないながらも発見される不良品の個数などがポアソン分布にしたがうと考えられます。

ポアソン分布の形状は np（試行回数 × 比率）の値だけで決まります。ポアソン分布の平均と分散はどちらも np となります。

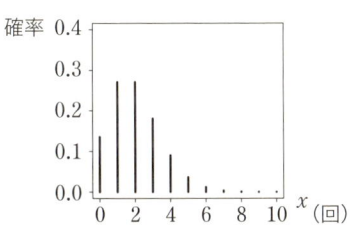

▲ポアソン分布（$np = 2$ の場合）

理解度確認！(3.7)

1) 「当たり」「はずれ」からなるくじを 500 回ひいたところ、「当たり」が 189 回だった。このくじが「当たり」である確率について 95％信頼区間を求めよ。

2) 果樹園において普通のりんごと虫食いりんごが収穫される。500 個を調べたところ、虫食いりんごの個数が 23 個だった。この果樹園のりんごが虫食いりんごである比率について 95％信頼区間を求めよ。

3) 今春、市場に新製品 A が投入された。無作為抽出した 300 人に新製品 A についてアンケートをとったところ、「新製品 A を支持する」が 62.3％だった。製品 A の支持率について 95％信頼区間を求めよ。

（解答は p.206）

第4章

違いがあるか、慎重に考えよう
～検定

3章では推測の基本として、
調査対象全体の指標を推定する方法についてみてきました。
この章では別の角度から推測する方法として、
調査対象全体についての仮説を検定する手法を学びましょう。

4.1 母集団についてどんなことがいえる？〜仮説検定

◉仮説を検定しよう

　3章では標本を調べ、母集団に関する指標がどのようなものであるかについて推定を行いました。推定では母集団に関する指標がいくつになるか、またはどのくらいの確率でどんな区間に入っているかを推測したことを思い出してみてください。
　母集団を分析する方法として、推測統計にはもう1つよく使われる手法があります。これは、

「母集団に関する指標がある値となるのではないか？」

などという仮説を考えた上でサンプルを調べ、この説が正しいかどうかを検証する方法です。このようにある仮説が成り立つかどうかについて検証する方法を**仮説検定**といいます。

◉仮説について検討しよう

　統計において仮説をたてる方法には注意する必要があります。たとえば「りんごの平均重量は200グラムではないのではないか？」という仮説が成り立つのではないかと考えたとしましょう。このとき、統計では実際にはこの仮説が成り立つことを示すことはしません。
　そのかわり、まずこの説に対して成り立たないであろう説……たとえば「りんごの重量は200グラムである」という説を検証するのです。
　成り立つと考えられる仮説を**対立仮説**、成り立たないだろうと考えられる仮説を**帰無仮説**といいます。

> **仮説の種類**
>
> ・対立仮説 …… 成り立つと考えられる仮説
> ・帰無仮説 …… 成り立たないと考えられる仮説

Column／対立仮説と帰無仮説の述べ方

仮説検定では対立仮説を立証しやすい方法でたてることが行われます。たとえば「りんごの平均重量が200グラム（きっかり）である」ことよりも「りんごの平均重量が200グラムではない」ことのほうが立証しやすいでしょう。そこで次のように対立仮説と帰無仮説を作るのです。

対立仮説 H_1：「りんごの平均重量が200グラムではない」
帰無仮説 H_0：「りんごの平均重量が200グラムである」

なお、対立仮説を H_1、帰無仮説を H_0 であらわすことがよくあります。

●帰無仮説が成り立つ分布を考えよう

　さて、検定においては、いったん帰無仮説が成り立つものとして考えます。そしてこの仮説が成り立つときに標本に関する統計量がどのように分布するかを考え、実際にその標本に関する値がどのようになるかを調べて検定を行うことにします。これには、前の章で紹介した標本に関する統計量とその標本分布を使います。

　たとえばりんごの重量平均の場合であれば、標本平均は母平均 μ を平均とする正規分布にしたがうと考えられます。そして実際に標本平均を調べて検定を行うのです。こうした分布については3.3節（92ページ）以降をよくふりかえってみてください。

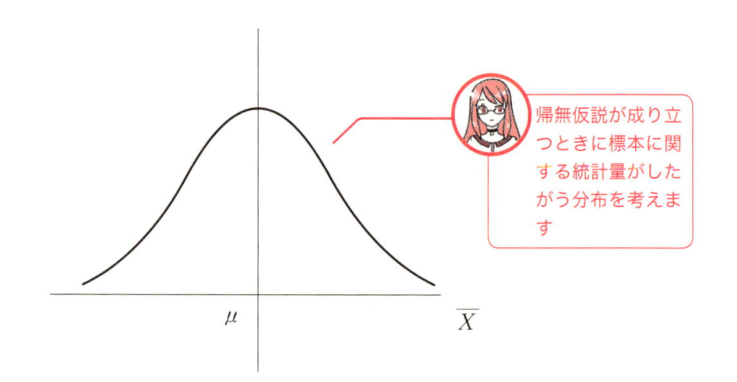

帰無仮説が成り立つときに標本に関する統計量がしたがう分布を考えます

▲ 帰無仮説が成り立つ場合の標本分布
帰無仮説が成り立つ場合に標本に関する統計量がしたがう分布を考えます。

●有意水準・棄却域を考えよう

　それでは仮説のもとに標本を調べてみましょう。たとえば「りんごの平均重量は200グラムである」と考えたとき、もし仮説が正しいならば標本平均は200グラムに近い値となるでしょう。つまり標本平均などの標本に関する指標の多くは、成り立つと考えられる標本分布上において、平均に近い以下のような場所に調査・観察されると考えられます。

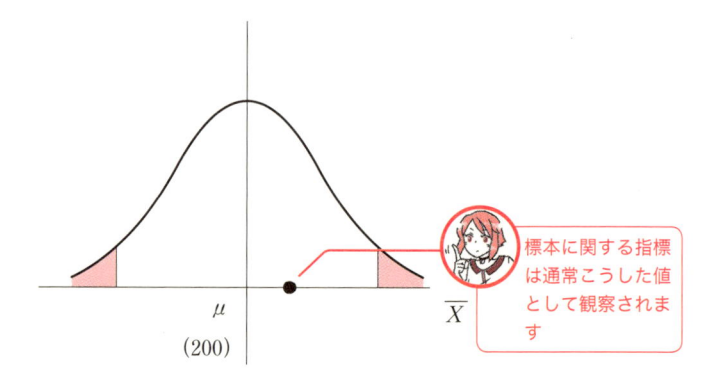

標本に関する指標は通常こうした値として観察されます

　逆に200グラムより大きく離れることはあまりないと考えられます。たとえば次のように200グラムより大きく離れた場所に観察されることは

ほとんどありえないことでしょう。仮説検定においては、このような場合には、そもそも仮説が誤っているものだと考えます。

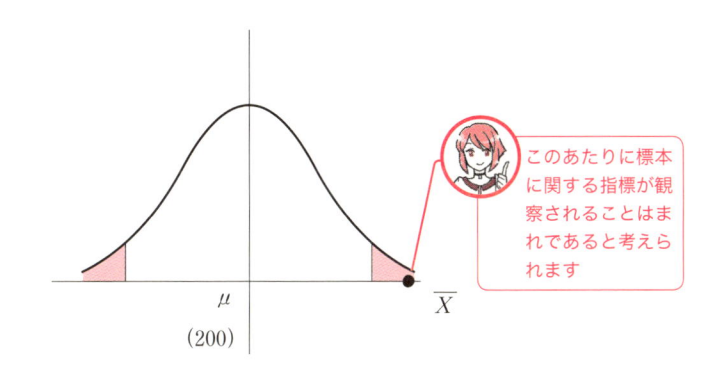

> このあたりに標本に関する指標が観察されることはまれであると考えられます

　標本を調査したときに仮説にしたがった分布の端のほうに入っている場合……たとえば出現確率が5％以下の場所などに観察される場合には、この分布を仮定した仮説自体が成り立たないのではないかと考えるのです。

　この分布の端がどこからになるかを決める確率を**有意水準**といいます。有意水準を超えて仮説を捨てるべき範囲を**棄却域**といいます。

　有意水準としては5％水準がよく使われますが、より厳密に述べるために1％水準を使うこともあります。

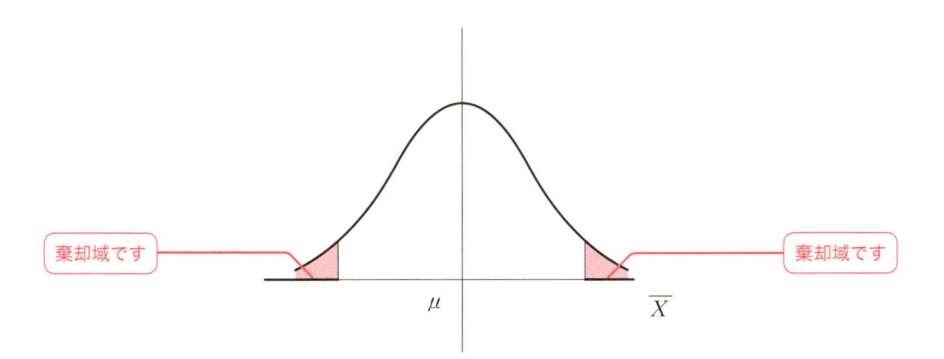

棄却域です　　　　　　　　　　　　　　　　　　　棄却域です

▲有意水準と棄却域
有意水準を超える範囲を棄却域と呼びます。

●標本に関する値は棄却域に入る?

このように、有意水準を定め、棄却域を決めたら、標本に関する統計量の値が棄却域に入っているかどうかを確認します。調査し、計算した値は棄却域に入っているでしょうか。

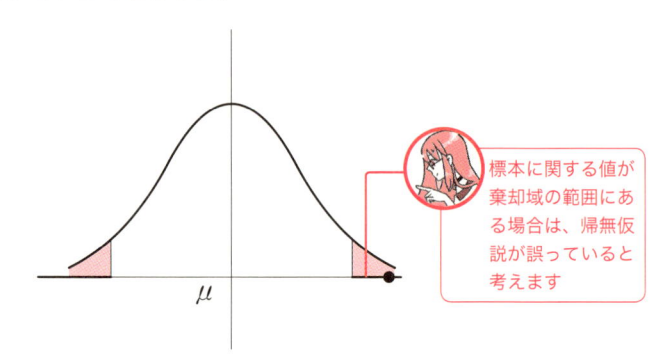

> 標本に関する値が棄却域の範囲にある場合は、帰無仮説が誤っていると考えます

▲標本に関する値を確認する
標本に関する値を、仮定した標本分布上で検討します。

●結論する

最後に仮説について結論します。もし標本に関する値が棄却域に入っているなら、その帰無仮説は成り立たないと考えたほうがよいでしょう。そのような可能性はとても低いからです。そこで帰無仮説を棄却することにします。つまり、帰無仮説「りんごの平均重量は200グラムである」が誤っているものと考えるわけです。

これによってもう一方の説である対立仮説が採用されることになります。対立仮説「りんごの平均重量は200グラムではない」が結論されることになります。仮説検定ではこのようにして検定を行うことになるのです。

ただしこのとき、実際には積極的に対立仮説である「りんごの平均重量が200グラムではない」を採用しているわけではないことに注意してください。統計学の仮説検定では、帰無仮説を棄却することで対立仮説が成り立つことを消極的に示しているのです。

●仮説を検討する手順をまとめよう

それではここまでの仮説を検討する手順をまとめておきましょう。仮説検定は次の手順になっています。

仮説検定の手順

① 仮説を検討する
② 帰無仮説が成り立つときの標本分布を検討する
③ 有意水準と棄却域を検討する
④ 標本に関する値が棄却域に入るかを確認する
⑤ 結論する

手順をふりかえってよく確認してみてください。

理解度確認！(4.1)

「国語の平均点は 82 点といえるかどうか」を検定する場合の対立仮説・帰無仮説はどう考えられるか。

（解答は p.207）

4.2 仮説検定してみよう
～平均の検定

◉仮説検定に挑戦しよう

　仮説検定の方法をふりかえって良く頭に入れるようにしてみてください。それでは実際に仮説検定をしてみましょう。

例題 ある果樹園のりんごの平均重量は従来 200 グラムだとされてきた。しかし実際のりんごの平均重量は違っているのではないかと考えた。そこでりんご 20 個を無作為抽出して重量を調べたところ、平均重量は 182 グラムであった。りんごの平均重量は 200 グラムであるといえるか、有意水準 5% で検定せよ。ただし母集団の分散は 400 であるとする。

解答 順に検討してみましょう。

① 仮説を検討する

まず仮説について検討しましょう。対立仮説と帰無仮説は次のようになります。

対立仮説：りんごの平均重量は 200 グラムでない。（ $\mu \neq 200$ ）
帰無仮説：りんごの平均重量は 200 グラムである。（ $\mu = 200$ ）

② 標本分布を検討する

次に帰無仮説が成り立つとしたときの標本に関する統計量と分布を検討します。この事例の場合は次の統計量と分布を検討します。

統計量：標本平均 $\overline{X}$

分　布：平均 μ、分散 $\dfrac{\sigma^2}{n}$ の正規分布

これは標準化を行った次の統計量が標準正規分布にしたがうということでもあります。この関係については3章をふりかえってみてください。

統計量：$Z = \dfrac{\overline{X} - \mu}{\sigma/\sqrt{n}}$

分　布：平均0、分散1の正規分布

③　有意水準・棄却域を決める

有意水準と棄却域を求めましょう。有意水準は5%です。分布の両端に棄却域がありますから、確率0.05を2で割って片側分の確率に対応する境界を求めることにします。$0.05 \div 2 = 0.025$ ですから、上側2.5パーセント点は $Z = 1.96$ です。つまり、標準正規分布上で考えると、棄却域は次のようになります。

棄却域：$\dfrac{\overline{X} - \mu}{\sigma/\sqrt{n}} < -1.96$　または　$1.96 < \dfrac{\overline{X} - \mu}{\sigma/\sqrt{n}}$

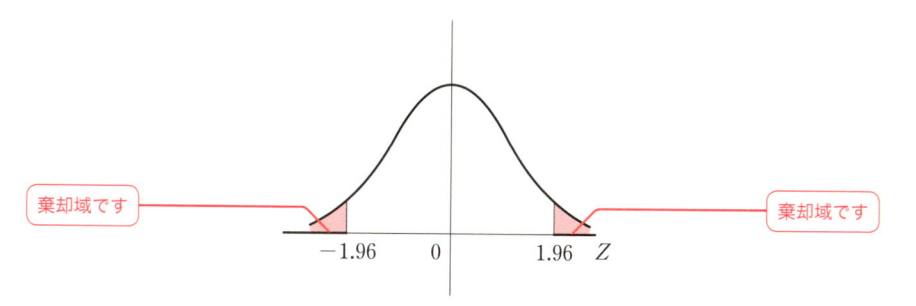

ここで上式を $\overline{X}$ について変形してみましょう。次のようになります。

棄却域：$\overline{X} < \mu - 1.96 \times \sigma/\sqrt{n}$　または　$\mu + 1.96 \times \sigma/\sqrt{n} < \overline{X}$

$$\text{棄却域}: \overline{X} < \mu - 1.96 \times \sigma/\sqrt{n} \quad \text{または} \quad \mu + 1.96 \times \sigma/\sqrt{n} < \overline{X}$$

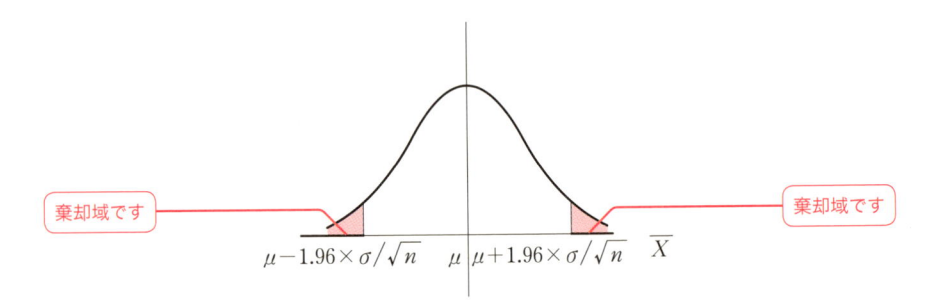

$\sigma^2 = 400$、$n = 20$、$\mu = 200$ を代入してみてください。帰無仮説が成り立つことを前提としているため、ここでは μ が 200 となる正規分布上で考えていることに注意します。

棄却域：$\overline{X} < \mu - 1.96 \times \sqrt{400}/\sqrt{20}$ 　または
　　　　$\mu + 1.96 \times \sqrt{400}/\sqrt{20} < \overline{X}$
棄却域：$\overline{X} < -8.77 + 200 = 191.23$ 　または
　　　　$\overline{X} > 8.77 + 200 = 208.77$

つまり、$\overline{X}$ の値が 191.23 より小さいか、または 208.77 より大きいなら棄却域にあることになります。

④ 標本に関する値を確認する

ここで標本に関する値を確認してみてください。標本平均 $\overline{X}$ の値は 182 です。この値は棄却域に入っています。

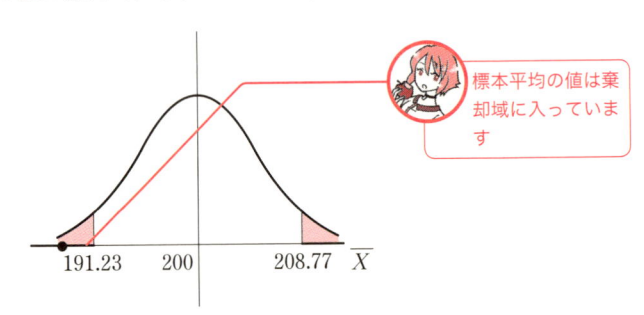

⑤ 結論する

標本平均が棄却域にあることから、母平均が200グラムだというわりには、標本平均は小さすぎることになります。つまり「りんごの重量は200グラムである」という帰無仮説は棄てられるべき説と考えられます。

5%の有意水準では「りんごの重量は200グラムである」という帰無仮説を棄却するのです。

このため消極的にですが、対立仮説「りんごの平均重量は200グラムではない」が採用されることになります。

それではもう1つ別の事例について検討してみることにしましょう。

> **練習**
> ある工場で生産するガラス製品Sの平均重量は350グラムと規定されている。しかし実際に生産されている製品Sの重量は異なっているのではないかと考えられた。そこで製品Sを20個無作為抽出して重量を調べたところ、平均重量は348グラム、不偏分散は37であった。製品Sの平均重量は350グラムであるか、有意水準5%で検定せよ。

解答
① 仮説を検討する

対立仮説と帰無仮説は次のようになります。

対立仮説：製品の平均重量は350グラムでない。（$\mu \neq 350$）
帰無仮説：製品の平均重量は350グラムである。（$\mu = 350$）

② 標本分布を検討する

帰無仮説が成り立つとしたとき、標本に関する統計量とその量がしたがう分布を検討します。今度の事例では不偏分散しかわかっていません。

そこで今度は標本不偏分散を用いてt分布上で考えることにします。母分散がわからないときに標本分布に関する統計量tがしたがうt分布を利用しましょう。

統計量：$t = \dfrac{\overline{X} - \mu}{s/\sqrt{n}}$

分布：t分布

③ 有意水準・棄却域を決める

有意水準は5%です。$0.05 \div 2 = 0.025$ですから、自由度19のt分布において上側2.5パーセント点は$t = 2.093$です。棄却域は次のようになります。

棄却域：$\dfrac{\overline{X} - \mu}{s/\sqrt{n}} < -2.093$ または $2.093 < \dfrac{\overline{X} - \mu}{s/\sqrt{n}}$

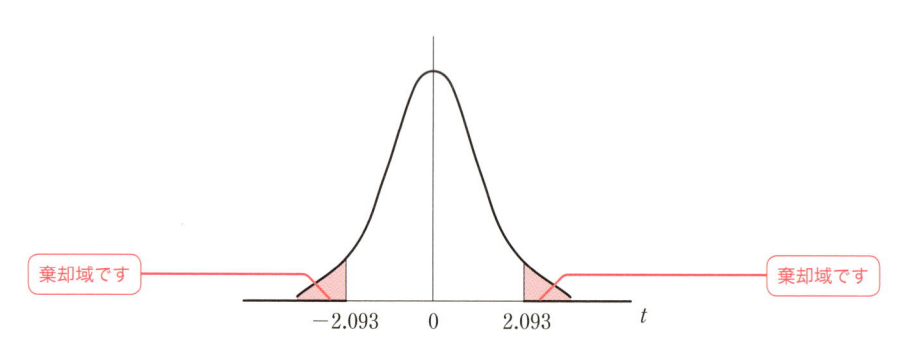

棄却域です　　　　　　　　　　　　　　　　　　棄却域です

$-2.093 \quad 0 \quad 2.093 \quad t$

$\overline{X}$について変形してみましょう。次のようになります。

棄却域：$\overline{X} < \mu - 2.093 \times s/\sqrt{n}$ または $\mu + 2.093 \times s/\sqrt{n} < \overline{X}$

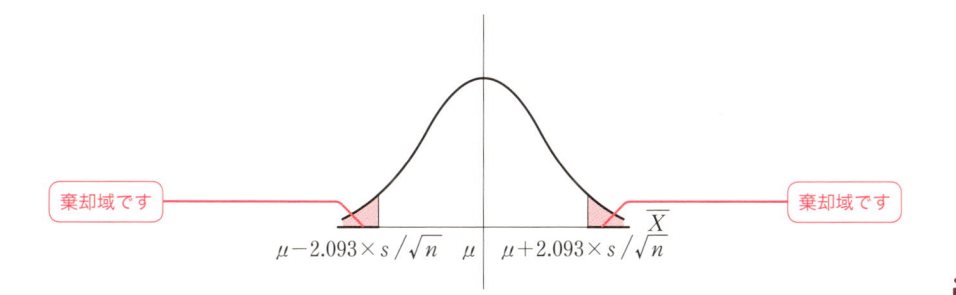

4.2 仮説検定してみよう〜平均の検定

棄却域です　　　　　　　　　　　　　　　　　　　　　　棄却域です

$\mu - 2.093 \times s/\sqrt{n}$　μ　$\mu + 2.093 \times s/\sqrt{n}$　$\overline{X}$

$s^2 = 37$、$n = 20$、$\mu = 350$ を代入します。帰無仮説が成り立つことを前提としているため、μ が350であると仮定されていることに注意してください。

棄却域：$\overline{X} < \mu - 2.093\sqrt{37}/\sqrt{20}$　または　$\mu + 2.093\sqrt{37}/\sqrt{20} < \overline{X}$
棄却域：$\overline{X} < -2.847 + 350 = 347.153$ または
　　　　$\overline{X} > 2.847 + 350 = 352.847$

つまり、$\overline{X}$ の値が347.153より小さいか、または352.847より大きいなら棄却域にあることになります。

④　標本に関する値を確認する

さて、$\overline{X}$ の値は348です。この値は棄却域には入っていません。

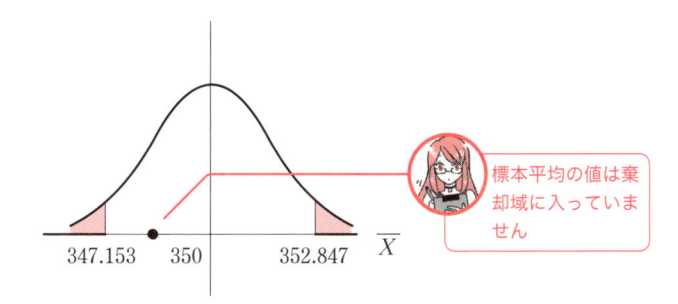

347.153　350　352.847　$\overline{X}$

標本平均の値は棄却域に入っていません

⑤　結論する

標本平均 $\overline{X}$ の値が棄却域に入らないことから、母平均が350であるという帰無仮説について、観察された標本平均は大きすぎるとも小さすぎ

るともいえないことになりそうです。したがって5%の有意水準では「製品Sの平均重量は350グラムである」という帰無仮説を棄却することはできず、対立仮説を採用することもできません。つまり観察された標本だけでは「『製品Sの平均重量が350グラムでない』とはいえない」ことになります。

いかがでしょうか。仮説検定の方法に慣れることができたでしょうか。いくつかの問題でさらに確認してみてください。

Column / t 検定

t 分布は標本に関する値のみで扱えるため、t 分布による検定は実践上もよく用いられます。t 分布による検定は、一般的に t 検定とも呼ばれています。2章のExcelの重回帰分析で表示された t 値・p 値（79～80ページ）も t 検定の結果です。この検定では与えられたデータが正規分布にしたがう標本と考え、回帰直線の各係数（回帰係数）が0であることを帰無仮説とする t 検定を行っています。t 値が大きく（約2以上）p 値が小さい（0.05未満）とき、帰無仮説が棄却され、回帰係数が0ではない意味のある数値となることを示しています。

理解度確認！(4.2)

1) 工場で部品Aを生産している。部品Aの重量が規定されている180グラムではないように感じられたため、20個の部品について平均重量を計測したところ、185グラムであった。母分散が25であるとき、部品Aの重量は180グラムでないといえるか。有意水準5%で検定せよ。

2) 市民農園では農業実習参加者に毎回肥料を配布している。配布された肥料は500グラムであるはずだが、違っているように感じられた。20袋の肥料について計測したところ、平均重量は478グラム、不偏分散は232であった。肥料の重量は500グラムでないといえるか。有意水準5%で検定せよ。

（解答は p.207）

4.3 棄却域を考えよう 〜両側検定と片側検定

●両側検定を知ろう

　前節で紹介してきた仮説検定の方法では、棄却域を分布の両側にとりました。標本に関する指標が大きすぎる場合も小さすぎる場合も、帰無仮説を棄却しようというのです。このような検定は**両側検定**と呼ばれています。

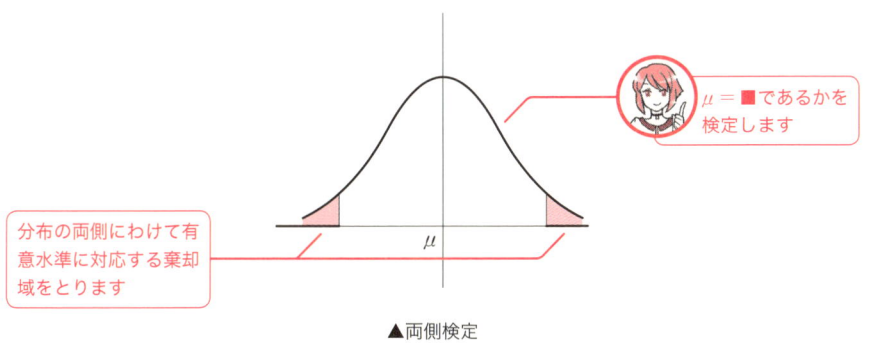

$\mu = ■$であるかを検定します

分布の両側にわけて有意水準に対応する棄却域をとります

▲両側検定
両側検定では棄却域を両側にわけてとります。

●片側検定を知ろう

　ただし「りんごの平均重量が200グラムより大きい」という仮説を検定する場合はどうでしょうか。このような対立仮説をたてる場合には、棄却域を右側にとることが行われます。また「りんごの平均重量が200グラムより小さい」という仮説を検定する場合には棄却域を左側にとることが行われます。棄却域を片側にとるのです。
　両側検定では有意水準の確率を分布の両端に分けていましたが、片側検定では分布の片側で有意水準の確率を棄却域としてとります。このため同じ有意水準では片側検定の片方の棄却域は両側検定の場合よりも大きくなります。

$\mu <$ ■であるかを検定します

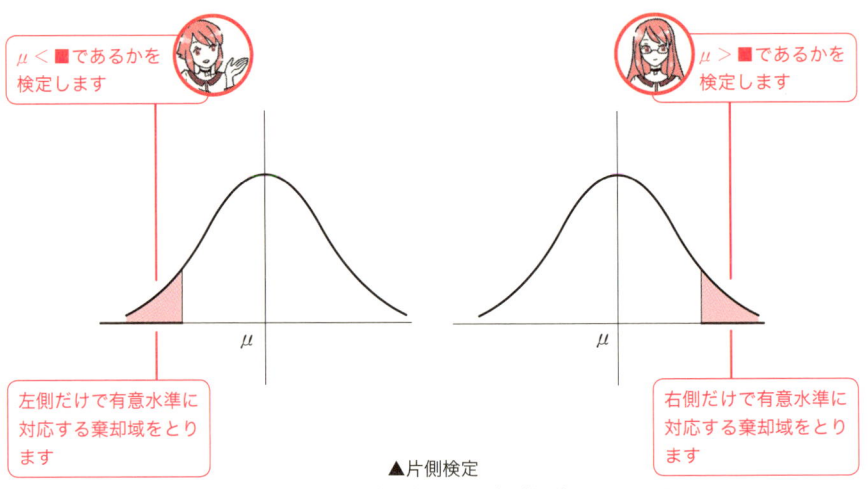

$\mu >$ ■であるかを検定します

左側だけで有意水準に対応する棄却域をとります

右側だけで有意水準に対応する棄却域をとります

▲片側検定

片側検定では棄却域を左側（左図）または右側（右図）だけにとります。

　これは対立仮説が正しいのに帰無仮説を棄却できないことによる誤りを低くするためです。対立仮説がどちらかにあることがあらかじめわかっている場合には、その方向の棄却域を大きくすることによって、帰無仮説を棄却できない誤りを小さくするのです。

　検定をする際にはもともと対立仮説が正しいと思って仮説を立てていることに注意しておいてください。（対立仮説が正しいのに）帰無仮説を誤って採用してしまう誤りを防ぐように考える必要があるのです。

Column／採択による誤りの種類

推測の際には不確実性が入り込みますから、仮説検定においては誤って結論を採用する可能性が存在することになります。仮説検定において結論をする際に発生する誤りは次のタイプに分類できます。

- **第一種の過誤**
  帰無仮説が正しいにもかかわらず棄却してしまう誤りをいいます。
- **第二種の過誤**
  帰無仮説が誤っているにもかかわらず採択してしまう誤りをいいます。

仮説検定において第一種の過誤は、有意水準の確率で発生します。検定においては標本が棄却域に入れば帰無仮説を棄却することになっていますが、このとき帰無仮説が正しかったとしても、有意水準の確率で棄却域に入るような標本が観察される可能性があるからです。ただし、その確率は非常に低いもの（たとえば有意水準5%）としているわけです。

仮説検定では、この第一種の過誤を低くおさえた上で、第二種の過誤を小さくする必要があります。検定では対立仮説が正しいと考えていますから、対立仮説のもとに成り立つ分布に近い片側に棄却域を大きくとることによって、第二種の過誤を小さくすることができます。そこで片側検定では棄却域を片側に大きく設定しているのです。

●片側検定をやってみよう

それでは片側検定を行ってみましょう。

例題
ある果樹園で収穫されるりんごの平均重量は従来200グラムだったが、最近りんごの平均重量が増えた傾向が感じられた。そこでりんご20個を無作為抽出して平均重量を調べたところ、210グラムであった。これまでのりんご重量の母分散が400であったとき、りんごの平均重量が増えたかどうか、有意水準5%で検定せよ。

解答 今度は片側検定を行います。仮説と棄却域に注意して検定してみましょう。

① 仮説を検討する

対立仮説：りんごの平均重量は200グラムより大きい。（$\mu > 200$）
帰無仮説：りんごの平均重量は200グラムである。（$\mu = 200$）

② 標本分布を検討する

$Z = \dfrac{\overline{X} - \mu}{\sigma/\sqrt{n}}$ が標準正規分布にしたがうことを利用します。

③ 有意水準・棄却域を考える

有意水準は5%です。今度は右側に棄却域をとります。右端の確率が0.05となるように棄却域を考えるのです。
標準正規分布において、上側確率0.05に対応する点は$Z = 1.65$となります。したがって棄却域は次のようになります。

棄却域：$\dfrac{\overline{X} - \mu}{\sigma/\sqrt{n}} > 1.65$

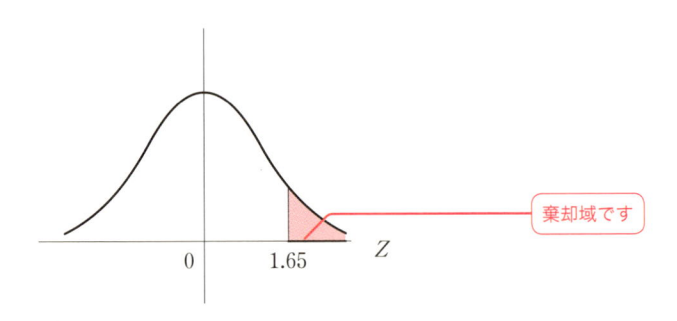

$\overline{X}$について解き、もとの標本分布上で考えると次のようになるでしょう。

棄却域：$\overline{X} > 1.65 \times \sigma/\sqrt{n} + \mu$

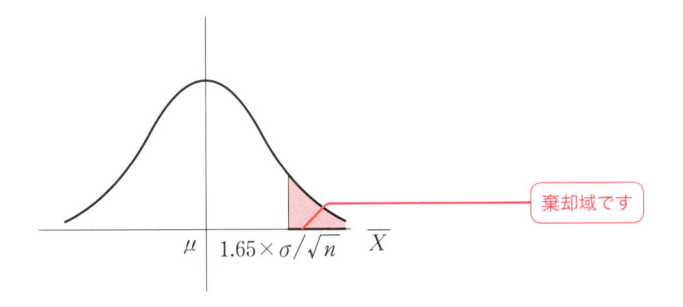

ここで $\sigma^2 = 400$、$n = 20$、$\mu = 200$ に値を代入してみましょう。

棄却域：$\overline{X} > 1.65 \times \sqrt{400}/\sqrt{20} + 200$

したがって棄却域は次のようになります。

棄却域：$\overline{X} > 207.38$

④ 標本に関する値を確認する

標本平均は 210 グラムですから、棄却域にあります。

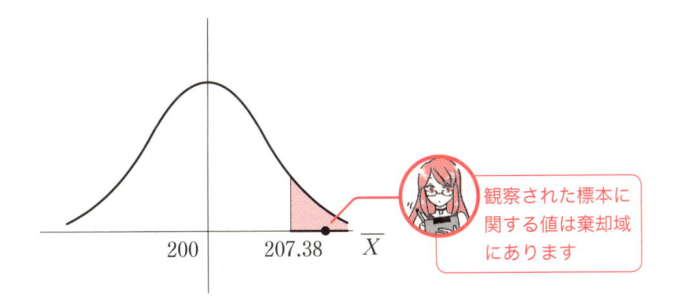

観察された標本に関する値は棄却域にあります

⑤ 結論する

母集団の平均が 200 だとすると、観察された標本平均は大きすぎるということになります。つまり有意水準 5% のもとでは「りんごの平均重量は 200 グラムである」という帰無仮説は棄却されることになります。よって、消極的にですが「平均重量は 200 グラムより大きい」という対立仮説が採用されることになります。

もう1つの事例で練習してみましょう。

> **練習**
> 数学の問題が20問ある。従来この問題を学生が解く平均所要時間は32.1分であったが、今年の学生については所要時間が短縮したように感じられる。そこで25人を無作為抽出して平均所要時間を調べたところ、29.2分、不偏分散は26.3であった。所要時間が短縮したかどうか、有意水準5%で検定せよ。

解答
① 仮説を検討する
対立仮説：所要時間は32.1分より短い。（$\mu < 32.1$）
帰無仮説：所要時間は32.1分である。（$\mu = 32.1$）

② 標本分布を検討する
$t = \dfrac{\overline{X} - \mu}{s/\sqrt{n}}$ が自由度24の t 分布にしたがうことを利用します。

③ 有意水準・棄却域を考える
有意水準は5%です。今度は左側に棄却域をとります。t 分布において、自由度24の下側確率0.05に対応する点は $t = -1.711$ となります。したがって棄却域は次のようになります。

棄却域：$\dfrac{\overline{X} - \mu}{s/\sqrt{n}} < -1.711$

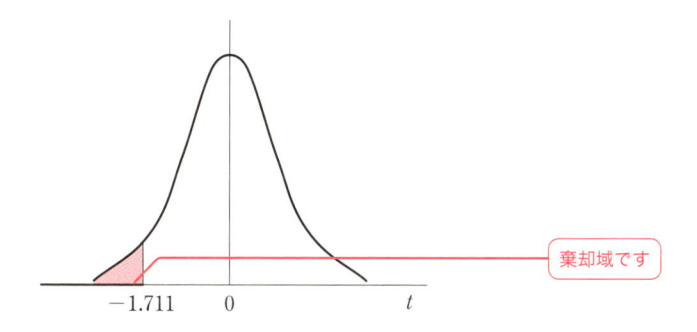

$\overline{X}$ について解くと次のようになるでしょう。

棄却域：$\overline{X} < -1.711 \times s/\sqrt{n} + \mu$

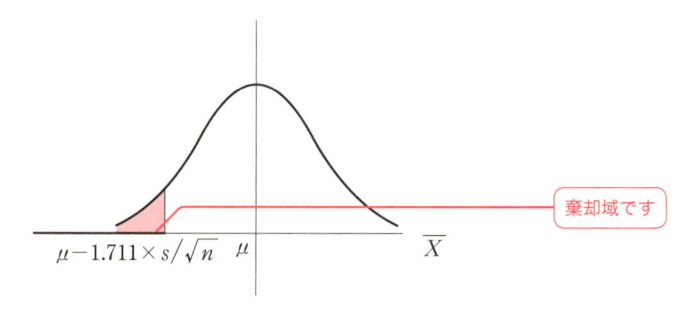

ここで、$s^2 = 26.3$、$n = 25$、$\mu = 32.1$ に値を代入してみましょう。

棄却域：$\overline{X} < -1.711 \times \sqrt{26.3}/\sqrt{25} + 32.1$

よって

棄却域：$\overline{X} < 30.345$

④ 標本に関する値を確認する

標本平均は29.2分ですから、棄却域にあります。

観察された標本は棄却域にあります

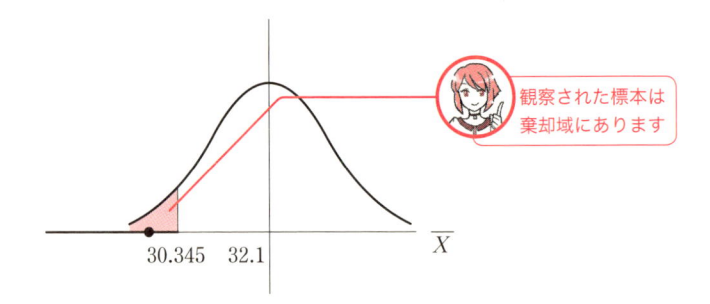

30.345 32.1 $\overline{X}$

⑤ 結論する

母集団の平均が32.1分だとすると、観察された標本平均は短すぎるということになります。有意水準5%のもとでは「所要時間が32.1分で変わらない」という帰無仮説は棄却されることになります。よって「所要時間が32.1分に短縮された」という対立仮説が採用されることになります。

さまざまな統計量・分布の利用に加えて、両側検定・片側検定を行いました。どの場合も基本は同じです。事例によって使い分けられるように練習してみてください。

理解度確認！(4.3)

1) 工場で製品Aを生産しているが、最近製品Aが規定重量である300グラムより重くなったように感じられる。20個の製品について平均重量を計測したところ、308グラムであった。母分散が36であるとき、製品Aの重量は300グラムより重くなったといえるか。有意水準5%で検定せよ。

2) 毎年実施している県統一学力テストの平均点は従来70点だったが、今年は以前より点が下がったように感じられた。無作為抽出した20人について計測したところ、平均点は68.5点、不偏分散は24であった。平均点は70点より低いといえるか。有意水準5%で検定せよ。

（解答は p.207）

4.4 2つのグループを考えよう
〜平均の差の検定

●2つのグループに違いがある?

　いろいろな検定の事例をみてきました。この節ではさらに実用的な検定についてみていきましょう。

「果樹園Aのりんごの平均重量と、
果樹園Bのりんごの平均重量との間に差があるか」

ということを知りたい場合があります。
　これは果樹園Aと果樹園Bという2つの母集団について考え、その指標に違いがあるかどうかを考える事例となっています。このような状況で使える実践的な推測方法について見ていくことにしましょう。

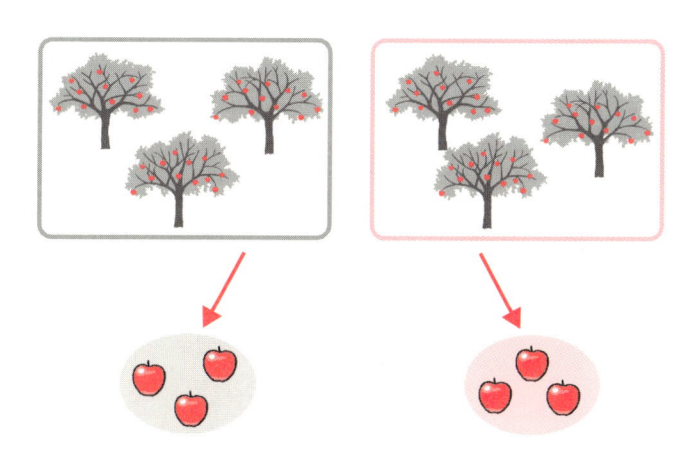

▲2つのグループからの標本
2つの母集団グループから標本をとって調べることがあります。

●2つのグループについて検定する場合

2つの母集団からそれぞれ標本をとってその平均を調べる場合には、標本平均の差が次の分布にしたがうことを利用して推測を行います。

> **2つの母集団からの標本平均の差の分布**
> 　　　**(母分散が既知の場合)**
>
> 統計量：$\overline{X} - \overline{Y}$（標本平均の差）
>
> 分　布：平均$= \mu_1 - \mu_2$、分散$= \dfrac{\sigma_1^2}{m} + \dfrac{\sigma_2^2}{n}$の正規分布

ただし、μ_1, σ_1^2 は X の母集団の平均と分散、μ_2, σ_2^2 は Y の母集団の平均と分散、m、n はそれぞれの標本数です。

上記の関係は標本平均 $\overline{X}$ が平均 μ_1、分散 $\dfrac{\sigma_1^2}{m}$ の正規分布、標本平均 $\overline{Y}$ が平均 μ_2、分散 $\dfrac{\sigma_2^2}{n}$ の正規分布にしたがうことから導かれています。

$\overline{X} - \overline{Y}$ という標本平均の差の分布は、平均＝2つの標本分布の平均の差 $(\mu_1 - \mu_2)$、分散＝2つの標本分布の分散の和 $\left(\dfrac{\sigma_1^2}{m} + \dfrac{\sigma_2^2}{n}\right)$ である正規分布にしたがうことになるのです。

上の量は一般的には標準化を行って、標準正規分布上の次の統計量として考えます。

2つの母集団からの標本平均の差の分布
（母分散が既知の場合）

統計量：$Z = \dfrac{(\overline{X} - \overline{Y}) - (\mu_1 - \mu_2)}{\sqrt{\dfrac{\sigma_1^2}{m} + \dfrac{\sigma_2^2}{n}}}$

分布：平均＝0、分散＝1の標準正規分布

なお、母分散がわからない場合には次の分布を利用します。

2つの母集団からの標本平均の差の分布
（母分散が未知だが等しい場合）

統計量：$t = \dfrac{(\overline{X} - \overline{Y}) - (\mu_1 - \mu_2)}{\sqrt{\dfrac{s^2}{m} + \dfrac{s^2}{n}}}$

分　布：自由度：$m+n-2$ の t 分布

（ただし $s^2 = \dfrac{(m-1)s_1^2 + (n-1)s_2^2}{m+n-2}$ ）

2つの母集団の分散が同じ（$\sigma_1^2 = \sigma_2^2$）であるならば、母分散 σ_1^2、σ_2^2 の代わりに、2つの標本を合成した標本不偏分散 $s^2 = \dfrac{\sum_{i=1}^{m}(X_i - \overline{X})^2 + \sum_{i=1}^{n}(Y_i - \overline{Y})^2}{m+n-2}$ を使って、標本に関する値だけで推測を行うことができるのです。ただし、この場合自由度が2つ減り、$m+n-2$ の t 分布にしたがうことに注意します。

このような事例についてみていきましょう。

例題 果樹園 A と果樹園 B で収穫されるりんごの平均重量は異なるようである。サンプルをとって調べたところ、次のようになった。果樹園 A と果樹園 B のりんごの平均重量に差はあるか。

	果樹園 A	果樹園 B
母分散	46.7	48.5
標本数	20	25
平均重量（グラム）	232	210

▲2つの果樹園のりんご平均重量

解答 2つの母集団の平均に差があるかどうかを検定します。

① 仮説を検討する

対立仮説：果樹園 A と果樹園 B の平均重量には差がある。（$\mu_1 \neq \mu_2$）
帰無仮説：果樹園 A と果樹園 B の平均重量には差がない。（$\mu_1 = \mu_2$）

② 標本分布を検討する

ここでは $\overline{X} - \overline{Y}$ が平均 $= \mu_1 - \mu_2$、分散 $= \dfrac{\sigma_1^2}{m} + \dfrac{\sigma_2^2}{n}$ の正規分布にしたがうことを利用します。標準化して次の Z が平均 0、分散 1 の標準正規分布にしたがうことになります。

$$Z = \frac{(\overline{X} - \overline{Y}) - (\mu_1 - \mu_2)}{\sqrt{\dfrac{\sigma_1^2}{m} + \dfrac{\sigma_2^2}{n}}}$$

③ 有意水準・棄却域を検討する

有意水準 5% で両側検定を行います。上側確率 $0.05 \div 2 = 0.025$ に対応する上側 2.5 パーセント点は $Z = 1.96$ です。したがって棄却域は次のようになります。

棄却域：$\dfrac{(\overline{X} - \overline{Y}) - (\mu_1 - \mu_2)}{\sqrt{\dfrac{\sigma_1^2}{m} + \dfrac{\sigma_2^2}{n}}} < -1.96$　または

$$1.96 < \frac{(\overline{X}-\overline{Y})-(\mu_1-\mu_2)}{\sqrt{\dfrac{\sigma_1^2}{m}+\dfrac{\sigma_2^2}{n}}}$$

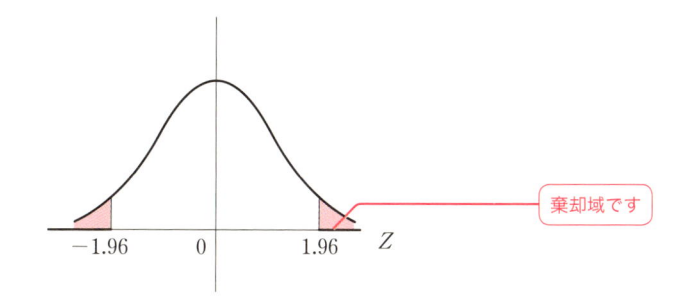

棄却域です

$\sigma_1^2 = 46.7$、$\sigma_2^2 = 48.5$、$m = 20$、$n = 25$、$\mu_1 - \mu_2 = 0$ を代入しましょう。

棄却域：$\overline{X} - \overline{Y} < -1.96\sqrt{46.7/20 + 48.5/25}$　または
$1.96\sqrt{46.7/20 + 48.5/25} < \overline{X} - \overline{Y}$

よって

棄却域：$\overline{X} - \overline{Y} < -4.053$　または　$\overline{X} - \overline{Y} > 4.053$

④　標本に関する値を確認する

標本平均の差を求めてみます。$\overline{X} - \overline{Y} = 232 - 210 = 22$ であり、この値は棄却域にあります。

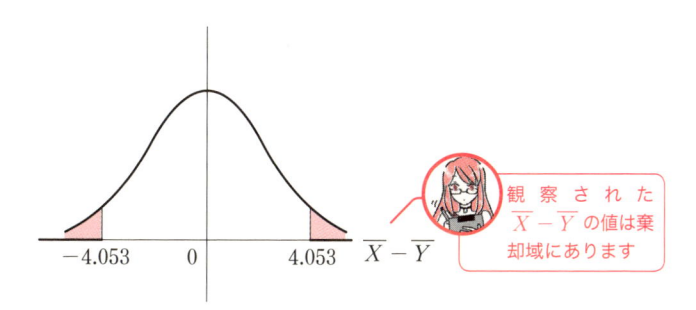

観察された $\overline{X} - \overline{Y}$ の値は棄却域にあります

⑤ 結論する

観察された標本の値と有意水準においては、「果樹園AとB果樹園Bのりんごの平均重量には差がない」という帰無仮説を棄却することになります。よって「果樹園Aと果樹園Bのりんごの平均重量に差がある」という対立仮説を採用することになります。

計算は少し複雑だったかもしれませんが、利用する統計量と分布をおさえておけば仮説検定の手順の基本は同じです。手順をふりかえりながら確認してみてください。

それではもう1つ次の事例で練習してみることにしましょう。

練習
2地域で同種の果樹を植えている。この2地域の果樹の平均樹高には差があるように感じられる。平均樹高に差はあるか。

	地域A	地域B
標本数	20	20
平均樹高（センチ）	172.3	175.2
標本不偏分散	35	48

▲2地域の平均樹高

2つの母集団の平均に差があるかどうかを検定します。

① 仮説を検討する

対立仮説：地域Aと地域Bの平均樹高には差がある。（ $\mu_1 \neq \mu_2$ ）
帰無仮説：地域Aと地域Bの平均樹高には差がない。（ $\mu_1 = \mu_2$ ）

② 標本分布を検討する

ここでは母分散がわかっていないので、正規母集団からの2標本の差に関する統計量 t が自由度 $m+n-2$ の t 分布にしたがうことを利用しま

す。ただし s^2 は合成された不偏分散 $\dfrac{(m-1){s_1}^2+(n-1){s_2}^2}{m+n-2}$ です。

$$t = \dfrac{(\overline{X}-\overline{Y})-(\mu_1-\mu_2)}{\sqrt{\dfrac{s^2}{m}+\dfrac{s^2}{n}}}$$

③ 有意水準・棄却域を検討する

有意水準5%で両側検定を行います。自由度 $m+n-2=20+20-2=38$ の t 分布で上側確率 $0.05\div 2=0.025$ に対応する上側2.5パーセント点は $t=2.024$ です。したがって棄却域は次のようになります。

棄却域：$\dfrac{(\overline{X}-\overline{Y})-(\mu_1-\mu_2)}{\sqrt{\dfrac{s^2}{m}+\dfrac{s^2}{n}}} < -2.024$ または

$$2.024 < \dfrac{(\overline{X}-\overline{Y})-(\mu_1-\mu_2)}{\sqrt{\dfrac{s^2}{m}+\dfrac{s^2}{n}}}$$

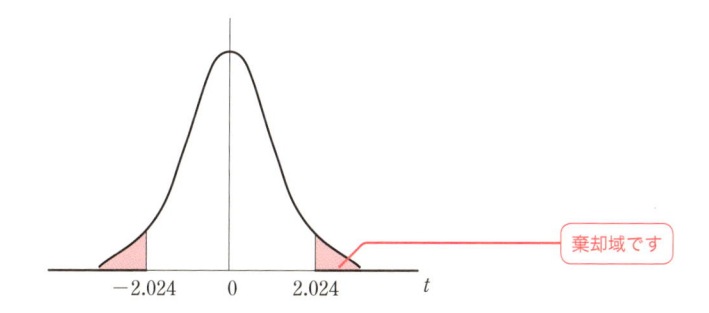

棄却域です

$$s^2 = \dfrac{(m-1){s_1}^2+(n-1){s_2}^2}{m+n-2} = \dfrac{(20-1)\times 35+(20-1)\times 48}{20+20-2} = 41.5$$

です。$s^2=41.5$、$m=20$、$n=20$、$\mu_1-\mu_2=0$ を代入しましょう。

$\overline{X}-\overline{Y} < -2.024\sqrt{41.5/20+41.5/20}$ または
$2.024\sqrt{41.5/20+41.5/20} < \overline{X}-\overline{Y}$

よって

棄却域：$\overline{X} - \overline{Y} < -4.123$　または　$\overline{X} - \overline{Y} > 4.123$

④　標本に関する値を確認する

標本の差を計算してみましょう。$\overline{X} - \overline{Y} = 172.3 - 175.2 = -2.9$ であり、棄却域にはありません。

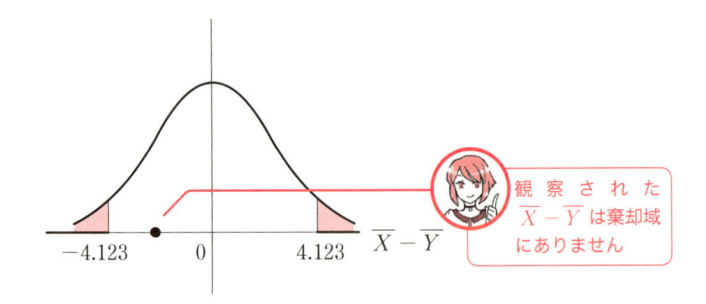

観察された $\overline{X} - \overline{Y}$ は棄却域にありません

⑤　結論する

「地域Aと地域Bの平均樹高には差がない」という帰無仮説を棄却できません。つまり「地域Aと地域Bの平均樹高には差がある」という対立仮説は採用できないことになります。

さまざまな事例で確認してみてください。

Column／対応のある2標本の場合

ここでは果樹園Aのりんごと果樹園Bのりんごの重量差、地域Aと地域Bの果樹の樹高の差などのように、標本データ同士に対応関係がない場合の差について考えていることに注意してください。たとえば2つのテストの点の差を調べる事例において、同じ生徒をサンプルとして選び、テストの点を調査した場合には、ここで紹介した事例で分析する必要がないことに注意してください。このような場合は「対応がある2標本」と考えます。対応のある2標本の場合は、各標本について差を計算し、その差について1つの母集団グループから標本をとった場合と同じように検定を行います。

理解度確認！(4.4)

1) 畑Aと畑Bで収穫されるさつまいもの重量に差があるように思われる。畑Aの20個の平均重量は326.4グラム、畑Bの20個の平均重量は317.8グラムであった。2つの畑のさつまいもの平均重量に差があるといえるか、有意水準5%で検定せよ。ただしAの母分散は25、Bの母分散は36とする。

2) ある商品Aについて地域1と地域2の商品の小売価格に差があるかどうか調べたい。地域1の10店舗の平均価格が767円、不偏分散28、地域2の10店舗の平均価格が792円、不偏分散38であった。2つの地域の価格のばらつきが等しいとすると、2つの地域の平均価格に差があるといえるか。有意水準5%で検定せよ。

3) 販売商品の広告を行った。広告効果があったかどうかを調べたい。広告前の10日間を抽出した平均売上は15.32万円、広告後の10日間を抽出した平均売上は16.13万円であった。不偏分散はそれぞれ42、56である。広告効果による売上アップがあったといえるか。有意水準5%で検定せよ。

(解答は p.207)

第5章

統計はどうやって応用するの？
～応用のしかた

標本を調査し、推定・検定を行う手法について学んできました。最後のこの章ではさらにいろいろな指標について推測を行い、さまざまな場面で統計を実践する方法について学びましょう。

5.1 統計を実践していこう

●統計を応用に生かそう

　さまざまな推定や検定をしてきました。標本を調査することで、標本から調査対象全体となる母集団がどのようなものであるのか推測を行ってきたわけです。

　推測においては標本に関する統計量がとる分布が重要でした。母集団の指標と標本分布の関係を利用し、この標本分布に基づいて、母集団についての推測を行ってきたわけです。

　この関係をおさえれば、推測においてはさまざまな応用ができます。この章では標本と母集団の関係をおさえ、推測統計の応用事例についてみていきましょう。

●自分で検定してみよう

　標本分布の関係を利用すれば、推定や検定を自由に行うことができます。推定の際にとりあげた事例を使って、今度は検定を行ってみましょう。

　たとえば母比率の推定を行った事例について、検定を行ってみましょう。

例題 りんごを収穫する果樹園がある。この果樹園のりんごのうち高級果物店に卸すことができる蜜入りりんごの割合を考えたい。200 個を無作為抽出して調べたところ、蜜入りりんごは 25 個であった。果樹園全体の蜜入りりんごの割合が 12% 以上であるかどうか有意水準 5% で検定せよ。

解答 母比率についての事例を考えてみます。3.7 節（116 ページ）では母比率の推定をしたことを思い出してみてください。今度は母比率の検定を行うことになります。

ここでは母比率が 12% 以上かどうかを検定することになります。検定を行う場合の手順は、4.1 節（124 ページ）で学んだ方法と同じです。検定の手順にしたがってみていきましょう。

① 仮説を検討する

対立仮説：蜜入りりんごの比率は 12% より大きい。（$p > 0.12$）
帰無仮説：蜜入りりんごの比率は 12% である。（$p = 0.12$）

② 標本分布を検討する

3.7 節（118 ページ）でみたように、標本数が多ければ、標本比率 X/n は平均 p、分散 $(p(1-p))/n$ の正規分布に近似的にしたがいます。

③ 有意水準・棄却域を検討する

5% 有意水準で片側検定（右側）を行います。標準正規分布において上側 5 パーセント点は 1.65 です。

棄却域：$Z = \dfrac{X/n - p}{\sqrt{p(1-p)/n}} > 1.65$

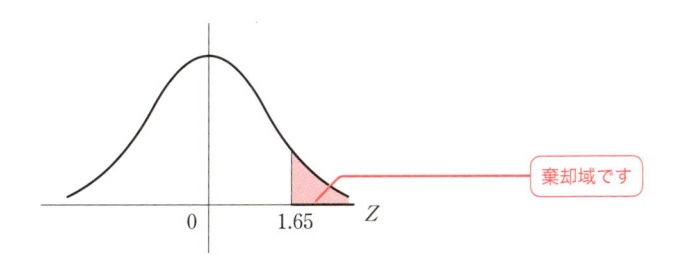

棄却域です

X/n について解きます。

棄却域：$X/n > 1.65\sqrt{(p(1-p))/n} + p$

$n = 200$、$p = 0.12$ を代入します。

棄却域：$X/n > 1.65\sqrt{(0.12(1-0.12))/200} + 0.12$

よって棄却域は次のようになります。

棄却域：$X/n > 0.1579$

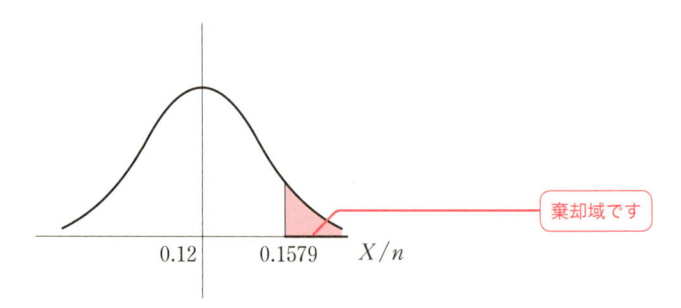

④ 標本に関する値を確認する

ここで観察された標本比率は $25 \div 200 = 0.125$ です。この標本比率は棄却域にありません。

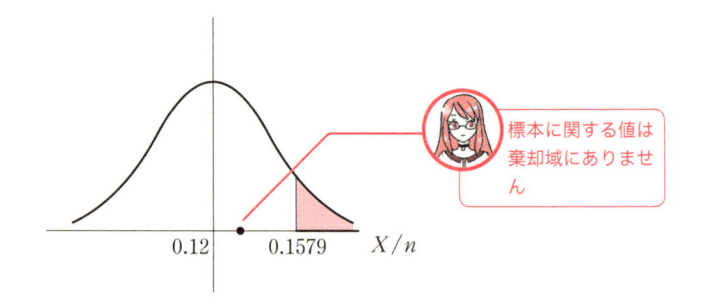

⑤ 結論する

調査した標本比率と有意水準のもとでは、「蜜入りりんごの比率が 12% である」という帰無仮説を棄却できません。よって「蜜入りりんごの比率は 12% 以上である」という対立仮説は採用することができません。

標本分布についておさえることで、推定だけでなく検定もできることを実践してみてください。

●自分で推定してみよう

今度は検定で取り上げた事例について、推定をしてみましょう。

例題 果樹園 A と果樹園 B のりんご重量には差があるように思われる。A の母分散は 400、果樹園 B の母分散は 450 である。

それぞれ 30 個ずつ標本をとって調べたところ、果樹園 A の標本平均は 235 グラム、果樹園 B の標本平均は 215 グラムであった。2 つの果樹園のりんご重量の差について 95% 信頼区間を求めよ。

解答 4.4 節（145 ページ）では母平均の差について検定を行う事例をとりあげました。こちらは母平均の差を推定する事例と考えられます。検討してみることにしましょう。

母分散がわかっている場合、2 つの母集団からの平均の差を調べる際には以下の統計量と分布（146 ページ）を使います。

統計量：$\overline{X} - \overline{Y}$（標本平均の差）

分布：平均 $= \mu_1 - \mu_2$、分散 $= \dfrac{\sigma_1^2}{m} + \dfrac{\sigma_2^2}{n}$ の正規分布

まず差について標準化を行ってみましょう。

$$Z = \frac{(\overline{X} - \overline{Y}) - (\mu_1 - \mu_2)}{\sqrt{\dfrac{\sigma_1^2}{m} + \dfrac{\sigma_2^2}{n}}}$$

この統計量 Z が標準正規分布にしたがうことになります。Z の 95% 信頼区間は次のようになります。

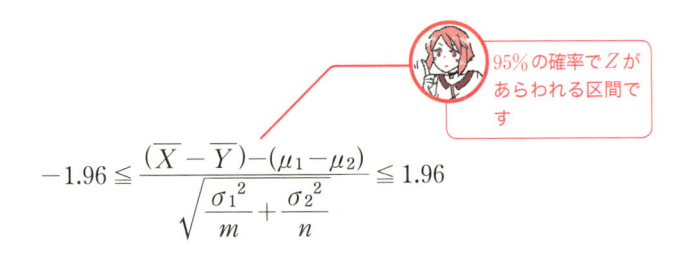

$$-1.96 \leq \frac{(\overline{X} - \overline{Y}) - (\mu_1 - \mu_2)}{\sqrt{\dfrac{\sigma_1^2}{m} + \dfrac{\sigma_2^2}{n}}} \leq 1.96$$

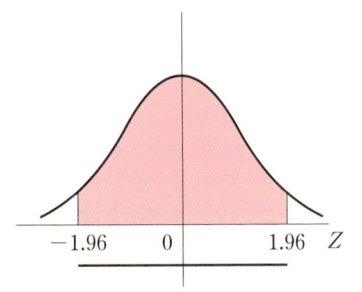

> 95%の確率で Z があらわれる区間です

この式を、母平均の差 $\mu_1 - \mu_2$ について解きます。

$$-1.96\sqrt{\dfrac{\sigma_1^2}{m} + \dfrac{\sigma_2^2}{n}} + (\overline{X} - \overline{Y}) \leq \mu_1 - \mu_2 \leq 1.96\sqrt{\dfrac{\sigma_1^2}{m} + \dfrac{\sigma_2^2}{n}} + (\overline{X} - \overline{Y})$$

$m = 30$、$n = 30$、$\overline{X} = 235$、$\overline{Y} = 215$、$\sigma_1^2 = 400$、$\sigma_2^2 = 450$ を代入してみましょう。

$$-1.96\sqrt{\dfrac{400}{30} + \dfrac{450}{30}} + (235 - 215) \leq \mu_1 - \mu_2 \leq 1.96\sqrt{\dfrac{400}{30} + \dfrac{450}{30}} + (235 - 215)$$

$$-10.433 + 20 \leq \mu_1 - \mu_2 \leq 10.433 + 20$$

したがって、母平均の差の 95% 信頼区間は次のようになります。

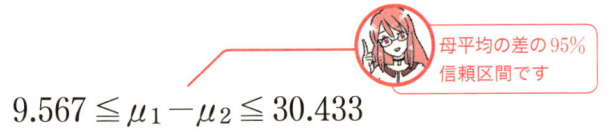

$$9.567 \leq \mu_1 - \mu_2 \leq 30.433$$

> 母平均の差の 95% 信頼区間です

果樹園 A と果樹園 B のりんごの平均重量の差は 95% の確率で 9.567 グラム以上 30.433 グラム以下と考えられます。

●もっと応用しよう

それでは次の事例はどうなるでしょうか？　状況を検討し、考えてみてください。

> **練習**
> ある工場のラインAとラインBで生産されている製品Lの平均重量は異なるようである。サンプルをとって調べたところ、次のようになった。ラインAとラインBの平均重量の差について95％信頼区間を求めよ。ただし母分散は等しいものとする。
>
> | | ラインA | ラインB |
> | --- | --- | --- |
> | 標本数 | 20 | 20 |
> | 標本平均重量（グラム） | 243 | 221 |
> | 標本分散 | 28 | 32 |
>
> ▲2ラインの製品の平均重量

解答

今度は母平均の差を推定することになります。2つの母集団からの標本平均の差の分布によって考えましょう。母分散が未知の場合の分布を考えます。

$$t = \frac{(\overline{X} - \overline{Y}) - (\mu_1 - \mu_2)}{\sqrt{\dfrac{s^2}{m} + \dfrac{s^2}{n}}}$$

この統計量 t が自由度 $20+20-2=38$ の t 分布にしたがうことになります。

信頼係数が95％であることから、上側確率が0.025となる点を調べます。自由度38の t 分布において、この値は $t = 2.024$ となっています。したがって t の95％信頼区間は次のようになります。

$$-2.024 < \frac{(\overline{X}-\overline{Y})-(\mu_1-\mu_2)}{\sqrt{\dfrac{s^2}{m}+\dfrac{s^2}{n}}} < 2.024$$

95%の確率でtがあらわれる区間です

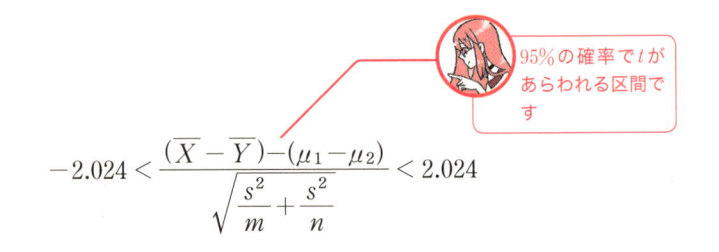

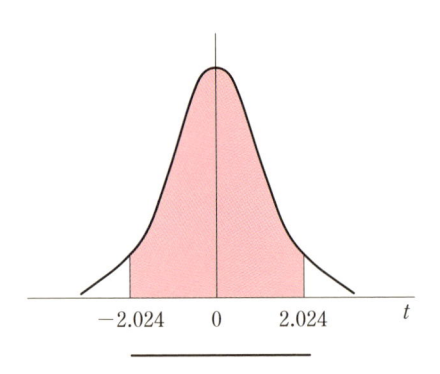

$m=20$、$n=20$、$\overline{X}=243$、$\overline{Y}=221$、$s_1{}^2=28$、$s_2{}^2=32$ を代入してみましょう。

$$s^2 = \frac{(m-1)s_1{}^2+(n-1)s_2{}^2}{m+n-2} = \frac{(20-1)\times 28+(20-1)\times 32}{20+20-2} = 30$$

であることから、

$$-2.024 < \frac{(243-221)-(\mu_1-\mu_2)}{\sqrt{\dfrac{30}{20}+\dfrac{30}{20}}} < 2.024$$

$$(243-221)-2.024\sqrt{\frac{30}{20}+\frac{30}{20}} \leqq \mu_1-\mu_2 \leqq (243-221)+2.024\sqrt{\frac{30}{20}+\frac{30}{20}}$$

したがって、$\mu_1-\mu_2$ の 95% 信頼区間は次のようになります。

母平均の95%信頼区間です

$$18.494 \leqq \mu_1-\mu_2 \leqq 25.506$$

ラインAとラインBの平均重量の差は95%の確率で18.494グラム以上25.506グラム以下と考えられます。

いろいろな推測を行ってきました。これまでの知識を生かしてさまざまな事例について考えてみてください。

理解度確認！(5.1)

1) 大規模会社であるA社の現社長S氏の支持率は社員の85%以上を占めると言われている。社員300人にアンケートをとったところ、支持すると回答したのは270人だった。支持率が85%以上であるかについて5%有意水準で検定せよ。

2) 統一学力テストを実施している。A校とB校の平均点についてサンプルをとって調べたところ、次のようになった。A校とB校の平均点の差について95%信頼区間を求めよ。ただし母分散は等しいものとする。

	A校	B校
標本数（人）	20	20
標本平均（点）	72.2	60.1
標本分散	49	36

▲2校の学力テストの平均点

（解答は p.208）

5.2 散らばりの推定・検定をしよう～分散の推定・検定

●母分散を推定しよう

　これまでは母集団の平均や比率がどのようになるのかということについて推測をしてきました。それでは平均や比率ではなく、ほかの指標はどうでしょうか。母集団の散らばりである分散について推測することを考える場合もあります。たとえば果樹園に勤務する人々が多くいるとき、各労働者のりんごの剪定作業にばらつきがあることを考えてみましょう。このようなデータのばらつきの大きさについて推測を考える場合があります。

▲ばらつきを考える
母分散の推測を行う場合があります。

　母分散を推定する場合には標本に関する次のことがらを用います。

5.2 散らばりの推定・検定をしよう〜分散の推定・検定

> **正規母集団からの標本不偏分散に関する分布**
>
> 統計量：$\chi^2 = (n-1)\dfrac{s^2}{\sigma^2}$
>
> 分布：自由度 $n-1$ の χ^2 分布
>
> （ただし s^2 は標本不偏分散、σ^2 は母分散、n は標本数）

● χ^2 分布を利用しよう

　ここでは新しく **χ^2 分布**（カイ二乗分布）という分布を使用しますので紹介しておきましょう。

　自由度 k の χ^2 分布とは、確率的な値をとる変数（確率変数）X_i がお互い関連をもたずに標準正規分布にしたがうとき、X_i の二乗の総和である次の統計量がしたがう分布となっています。

$$\sum_{i=1}^{k} X_i^2$$

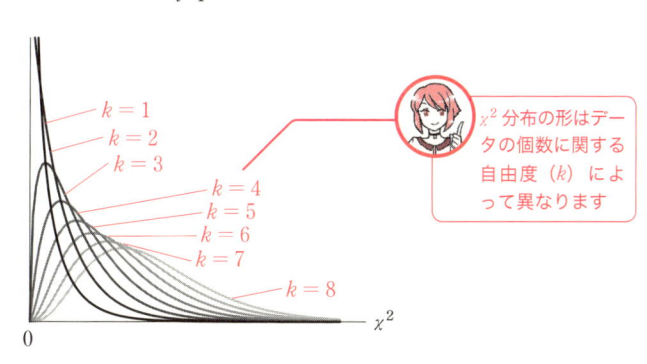

χ^2 分布の形はデータの個数に関する自由度（k）によって異なります

▲ χ^2 分布（自由度 1〜8）
χ^2 分布は自由度によって形が異なります。

　χ^2 分布の形状はデータの個数に関する自由度 k によって決まります。

χ^2 分布は左右対称の分布ではありません。k によって形が異なることに注意してください。

ここでは標本を調べますから、自由度がデータ数（標本数）よりも1つ小さい χ^2 分布を扱うことになります。また、χ^2 分布は二乗した値の和をあらわすため、χ^2 の値は常に0以上となっていることに注意してください。

● χ^2 分布に関する値を求めよう

Excel の関数を使って χ^2 分布の確率またはパーセント点を調べることができますのでおぼえておきましょう。

分布	関数	内容
χ^2 分布	CHIDIST(パーセント, 自由度)	パーセント点・自由度→確率を求める
	CHIINV(確率, 自由度)	確率・自由度→パーセント点を求める

▲ Excel の関数（χ^2 分布）

これらの関数を使えば χ^2 分布について次の値を求めることができます。

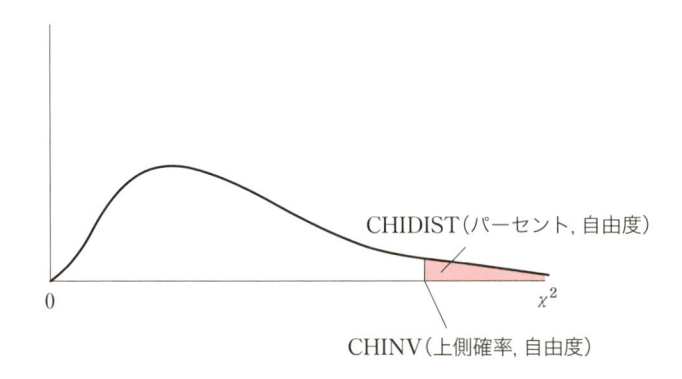

CHIDIST(パーセント, 自由度)
CHINV(上側確率, 自由度)

それでは χ^2 分布でパーセント点・確率を求める練習をしてみましょう。

5.2 散らばりの推定・検定をしよう〜分散の推定・検定

例題
1) 自由度 19 の χ^2 分布の上側 2.5 パーセント点を求めよ。
2) 自由度 19 の χ^2 分布の下側 2.5 パーセント点を求めよ。
3) 自由度 13 の χ^2 分布で 20.6 以上である確率を求めよ。

解答
1) χ^2 分布上で確率からパーセント点を求める関数（CHIINV）を使います。自由度 19 の χ^2 分布において上側 2.5 パーセント点は $\chi^2 = 32.8523$ となります。

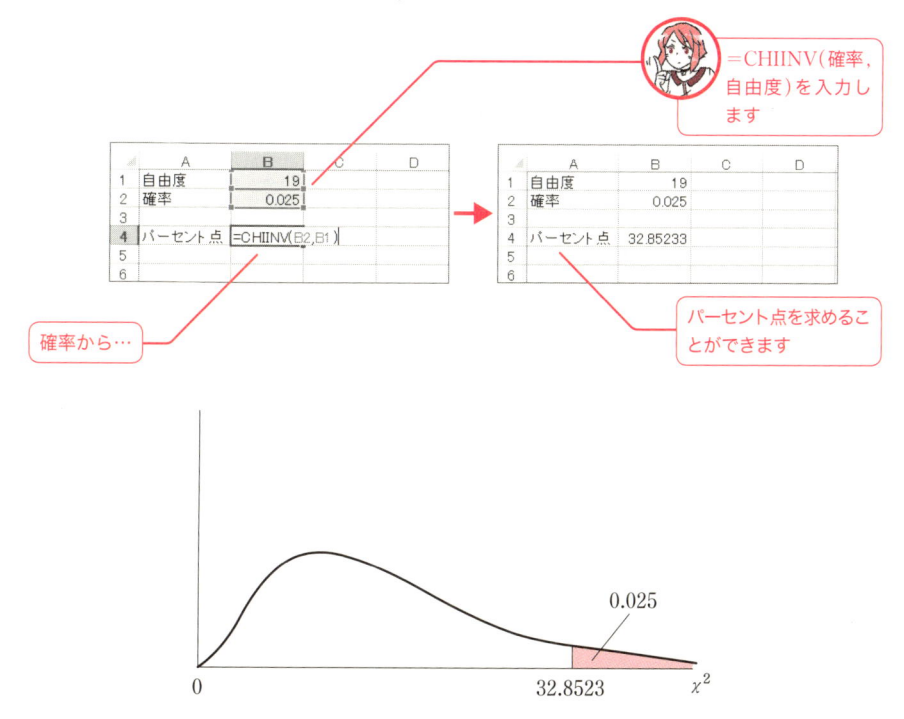

=CHIINV(確率, 自由度)を入力します

確率から…

パーセント点を求めることができます

2) 下側確率の場合も調べてみましょう。自由度 19 の χ^2 分布において下側 2.5 パーセント点は $\chi^2 = 8.9065$ となります。下側確率ですので、1 から上側確率を減じていることに注意してください。

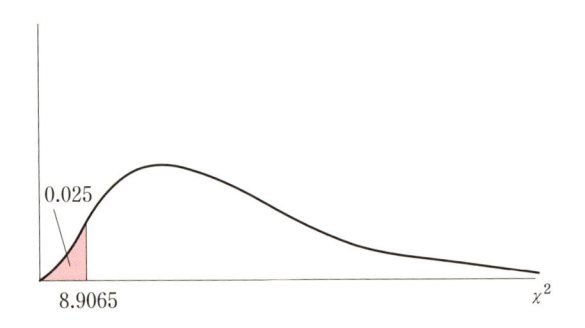

3) χ^2 分布上でパーセント点から確率を求める関数（CHIDIST）を使います。自由度 13 の χ^2 分布において $\chi^2 = 20.6$ に対応する上側確率は 0.0812 です。

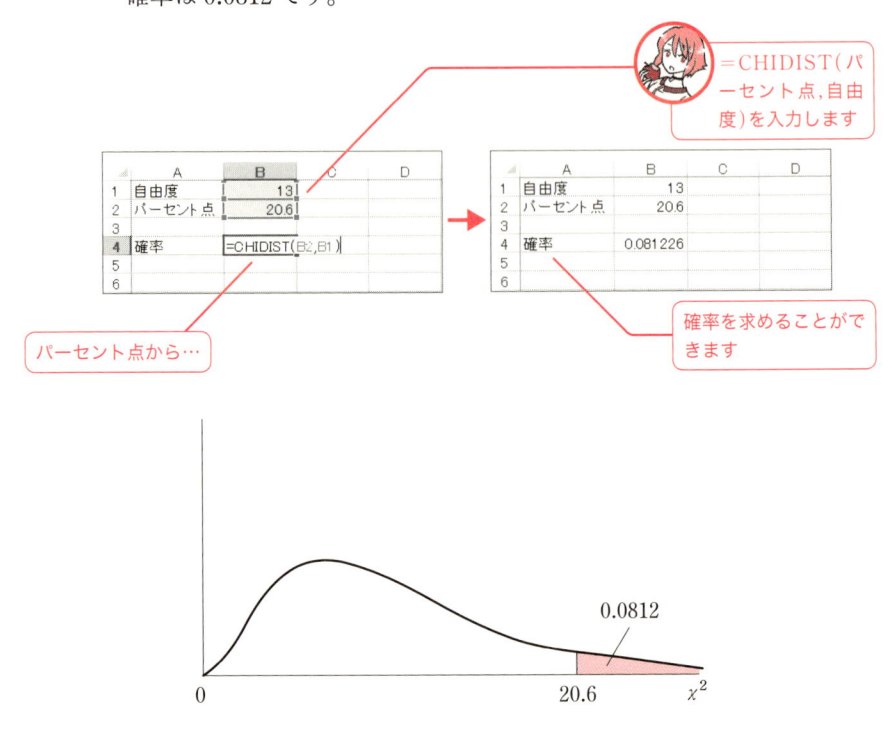

Column / 対称でない χ^2 分布

χ^2 分布は正規分布や t 分布と異なり左右が非対称であることに注意が必要になります。信頼区間の推定や両側検定を行う場合には両端のパーセント点が必要になったことを思い出してみてください。標準正規分布や t 分布のように左右対称な分布においては、上側 p パーセントのパーセント点の絶対値と下側 p パーセントのパーセント点の絶対値は同じでした。どちらかの値を調べることで片方の端の値もすぐにわかるようになっていたのです。

しかし、非対称な分布においてはこれらの絶対値は異なります。つまり非対称な分布については両端それぞれの値について求めておく必要があります。前述の例題1)2)のようにどちらも求められるようにしておくとよいでしょう。

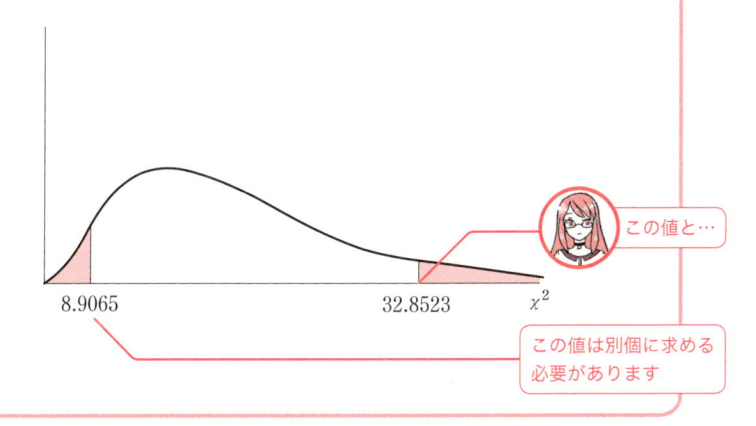

8.9065　　32.8523　　χ^2

この値と…

この値は別個に求める必要があります

●母分散を推定する

それでは実際に母分散を推定してみましょう。

例題 りんごの剪定作業のばらつきについて調べている。標本として20人の作業時間を調べたところ、平均は3.1時間、不偏分散は3であった。母集団の分散の信頼区間を求めよ。

解答 信頼係数が 95% であることから、χ^2 分布において上側確率が 0.975、0.025 となる点を調べます。なお、標本数が 20 であることから、自由度は 19 です。

自由度 19 の χ^2 分布において、上側 97.5 パーセント点は 8.9065、上側 2.5 パーセント点は 32.8523 になっています。

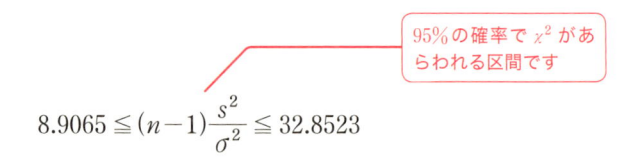

> 95% の確率で χ^2 があらわれる区間です

$$8.9065 \leqq (n-1)\frac{s^2}{\sigma^2} \leqq 32.8523$$

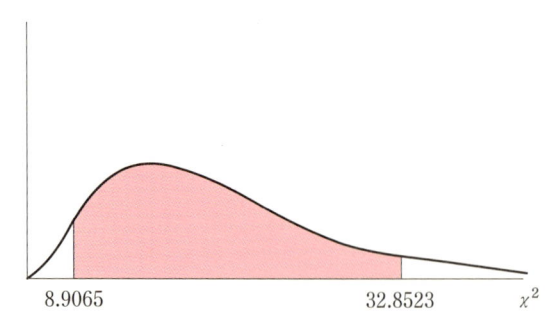

$s^2 = 3$、$n = 20$ を代入します。σ^2 について解くと次のようになります。

$$19 \times 3 \div 8.9065 \geqq \sigma^2 \geqq 19 \times 3 \div 32.8523$$

したがって、母分散 σ^2 の 95% 信頼区間は次のようになります。

> 母分散 σ^2 の 95% 信頼区間です

$$1.735 \leqq \sigma^2 \leqq 6.400$$

Column / 分散に関する分析

χ^2 分布による分析を行う際には、もとの母集団が正規分布にしたがうことが必要であることに注意しておいてください。正規分布にしたがわない母集団からとった標本の分散では χ^2 分布にしたがわないためです。

次は母分散の検定の練習をしてみてください。

練習
工場で生産する製品の大きさのばらつきについて調べている。標本として20個を調べたところ、平均は20.5センチ、不偏分散は3であった。母集団の分散が5未満であることを有意水準5%で検定せよ。

解答
母分散の検定を行います。手順にしたがって考えてみましょう。

① 仮説を検討する
対立仮説：母分散は5未満である。（$\sigma^2 < 5$）
帰無仮説：母分散は5である。（$\sigma^2 = 5$）

② 標本分布を検討する
統計量：$\chi^2 = (n-1)\dfrac{s^2}{\sigma^2}$

確率分布：自由度 $n-1$ の χ^2 分布

③ 有意水準・棄却域を検討する
5%有意水準で片側検定（左側）を行います。自由度19の χ^2 分布の下側5パーセント点は10.1170です。

棄却域：$(n-1)\dfrac{s^2}{\sigma^2} < 10.1170$

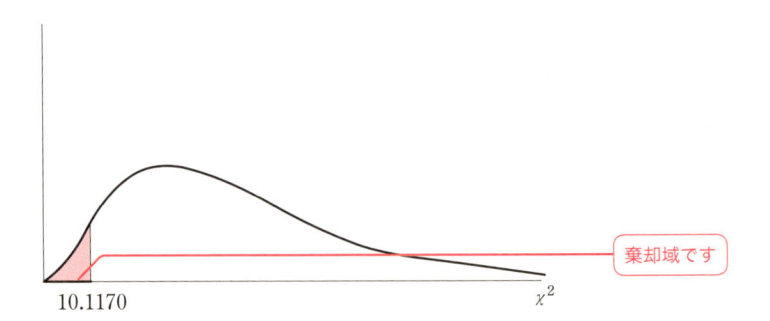

棄却域です

$n = 20$、$\sigma^2 = 5$ を代入します。

棄却域：$(20-1)\dfrac{s^2}{5} < 10.117$

よって棄却域は次のようになります。

棄却域：$s^2 < 10.117 \div 19 \times 5$
棄却域：$s^2 < 2.662$

④ 標本に関する値を確認する

標本不偏分散は3で、棄却域にありません。

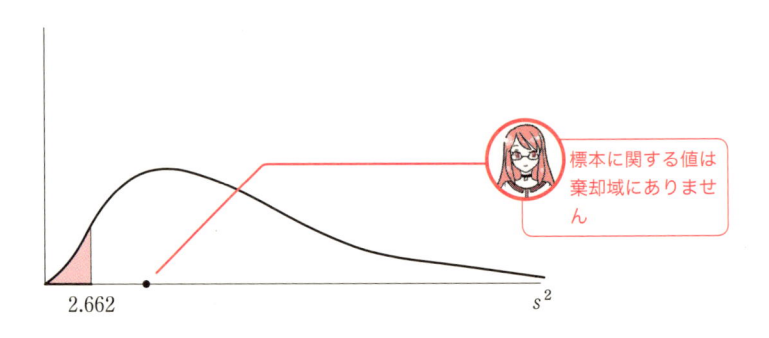

標本に関する値は棄却域にありません

⑤ 結論する

「分散が5である」という帰無仮説を棄却できません。したがって「母分散が5未満」という対立仮説を採用することができません。

●母分散の比の推定・検定をする

次に2つの母集団グループのばらつきについて考えてみましょう。2つの母集団のばらつきが同じであるか、つまり母分散が等しいかどうかを考えるのです。

このためには2つの母集団グループからサンプルをとって不偏分散を調べ、2つの母分散の比について推定・検定することにします。このとき2つの母分散がほとんど等しければ、母分散の比は1に近いと考えられるでしょう。

▲2つのグループの分散
2つのグループの分散を考える場合があります。

このときには次の統計量が以下の分布にしたがうことを利用します。

2つの母集団の標本分散に関する分布

統計量：$F = \dfrac{s_1{}^2 / s_2{}^2}{\sigma_1{}^2 / \sigma_2{}^2}$

分布：自由度 $m-1$、$n-1$ の F 分布

（ただし、$s_1{}^2$、$s_2{}^2$ は標本不偏分散、$\sigma_1{}^2$、$\sigma_2{}^2$ は母分散、m、n は標本数）

Column／母分散の比を調べる状況

4章（145ページ）では2つの母集団の平均の差について調査・分析する手法を紹介しました。そこでは147ページで母分散が等しい場合に標本分散を使った検定ができることを紹介したことを思い出してみてください。このような場合に母分散の比の検定が必要になる場合があるのです。

● F 分布を知ろう

ここで F 分布について紹介しておきましょう。自由度 (k, l) の F 分布とは、2つの確率変数 X, Y がそれぞれお互いに関連をもたずに自由度 k、自由度 l の χ^2 分布にしたがうとき、次の統計量がしたがう分布となっています。F 分布は2つの自由度によって形が決まります。

$$\dfrac{X/k}{Y/l}$$

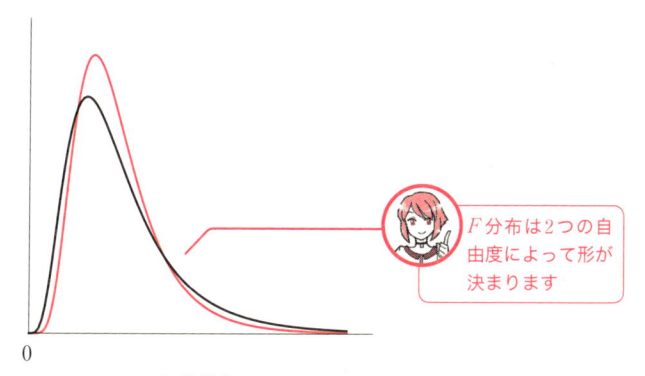

▲ F 分布

F 分布は 2 つの自由度によって形が決まります。(自由度 (19, 19) ＝ 赤線、自由度 (12, 13) ＝ 黒線の場合)

●F 分布の値を調べよう

　Excel の関数を使って F 分布の確率またはパーセント点を調べることができますのでおぼえておきましょう。

分布	関数	内容
F 分布	**FDIST**(パーセント点, 自由度1, 自由度2) **FINV**(確率, 自由度1, 自由度2)	パーセント点・自由度→確率を求める 確率・自由度→パーセント点を求める

▲ Excel の関数（F 分布）

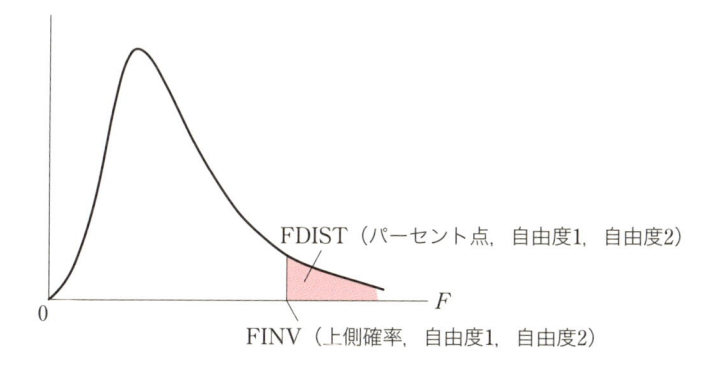

FDIST（パーセント点, 自由度1, 自由度2）

FINV（上側確率, 自由度1, 自由度2）

　それでは F 分布でパーセント点・確率を求める練習をしてみましょう。

例題

1) 自由度 19,19 の F 分布の上側 2.5 パーセント点を求めよ。
2) 自由度 13,12 の F 分布で 1.26 以上である確率を求めよ。

解答

1) F 分布上で確率からパーセント点を求める関数（FINV）を使います。上側 2.5 パーセント点は $F = 2.5264$ となります。

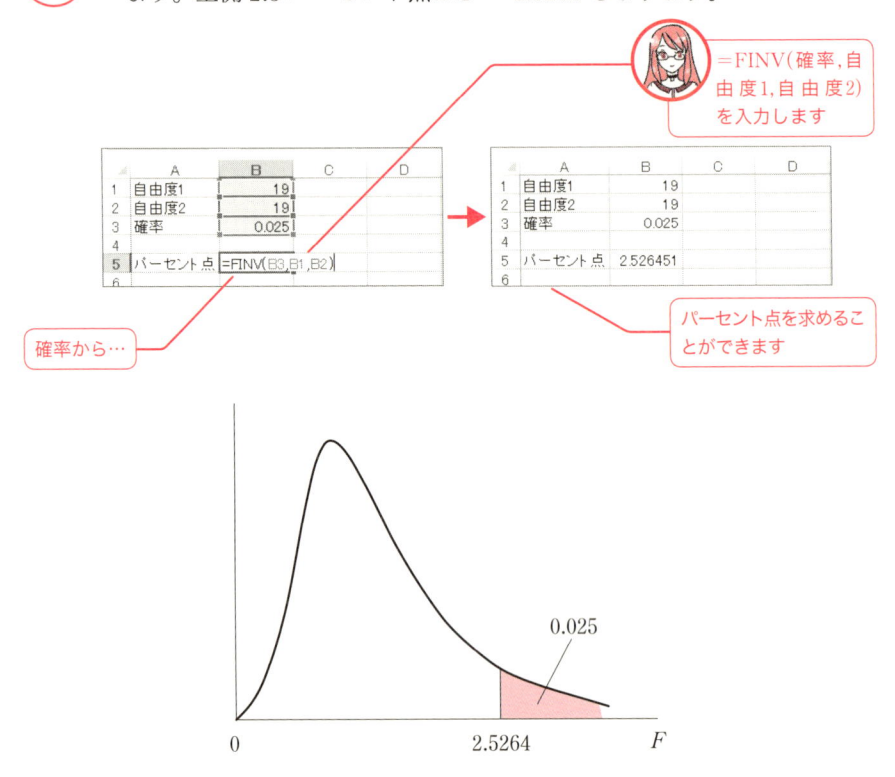

＝FINV(確率,自由度1,自由度2) を入力します

確率から…

パーセント点を求めることができます

2) F 分布上でパーセント点から確率を求める関数（FDIST）を使います。$F = 1.26$ に対応する上側確率は 0.3477 です。

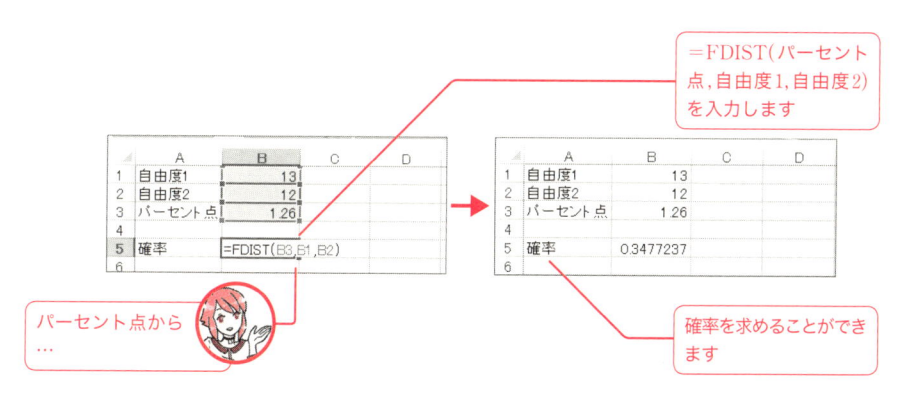

5.2 散らばりの推定・検定をしよう～分散の推定・検定

=FDIST(パーセント点,自由度1,自由度2)を入力します

	A	B
1	自由度1	13
2	自由度2	12
3	パーセント点	1.26
4		
5	確率	=FDIST(B3,B1,B2)

→

	A	B
1	自由度1	13
2	自由度2	12
3	パーセント点	1.26
4		
5	確率	0.3477237

パーセント点から…

確率を求めることができます

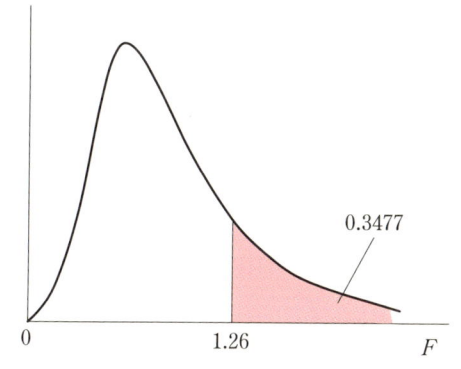

0.3477

0   1.26 F

Column / F 分布表から値を求める場合

コンピュータが使えない場合、F 分布の値や確率は F 分布表から調べることになります。一般的な F 分布表は上側確率 p ごとの表において、自由度 k、自由度 l から値を求める表となっています。

自由度 l \ 自由度 k	1	2	3	...	20
1					
2					
3					
...					
10					

▲ F 分布表（上側確率 $p = 0.025$）

通常 F 分布表では上側確率 $p = 0.025$ などの表のみになっており、p が大きい値の表は作成されないことが多くなっています。しかし F 分布のように対称でない分布を調べるときには上側確率が大きい値も知る必要があるでしょう。

このとき、自由度 (k, l) の F 分布において上側確率が p となる $100p$ パーセント点を求めるために自由度 (l, k) の F 分布において上側確率が $1-p$ となる $100(1-p)$ パーセント点の逆数を利用することができます。

たとえば自由度 $(k = 10, l = 20)$ の上側 97.5 パーセント点 $F_{0.975}(10, 20)$ は、自由度 $(l = 20, k = 10)$ の上側 2.5 パーセント点の逆数 $1/F_{0.025}(20, 10)$ と同じになっています。つまり上側確率の大きい点を、上側確率の小さい点の逆数から求めることができるのです。F 分布表を使う場合にはこうした求め方もおぼえておくとよいでしょう。

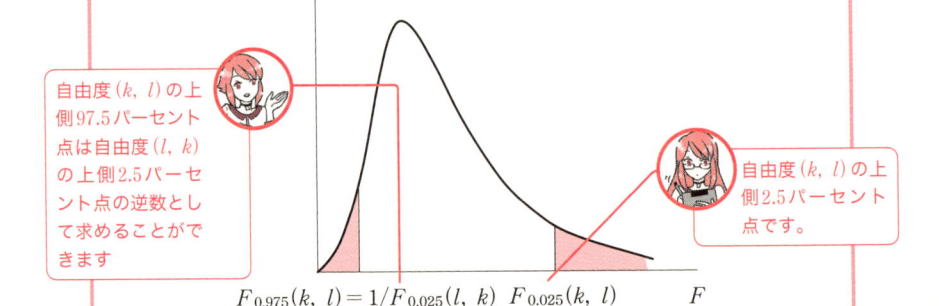

自由度 (k, l) の上側 97.5 パーセント点は自由度 (l, k) の上側 2.5 パーセント点の逆数として求めることができます

自由度 (k, l) の上側 2.5 パーセント点です。

$F_{0.975}(k, l) = 1/F_{0.025}(l, k)$　　$F_{0.025}(k, l)$　　F

▲ F 分布の値の求め方

自由度 (k, l) の上側 $100p$ パーセント点は自由度 (l, k) の $100(1-p)$ パーセント点の逆数となっています。

それでは 2 つの母集団の分散を比較する事例を検討してみることにしましょう。

例題 A・B 2 つの果樹園のりんご重量のばらつきには違いがあるように思われる。A 果樹園から 25 個、B 果樹園から 20 個のサンプルをとって調べたところ、A 果樹園の分散は 400、B 果樹園の分散は 450 であった。果樹園のりんごの重量のばらつきに差があるかどうか 5% 有意水準で検定せよ。

解答 母集団のばらつきに違いがあるかどうかを調べるには、母分散の比が 1 であるかどうかの検定を行います。

① 仮説を検討する
対立仮説：A 果樹園と B 果樹園の母分散の比は 1 に等しくない。
$$(\sigma_1^2/\sigma_2^2 \neq 1)$$
帰無仮説：A 果樹園と B 果樹園の母分散の比は 1 に等しい。
$$(\sigma_1^2/\sigma_2^2 = 1)$$

② 標本分布を検討する
統計量 $F = \dfrac{s_1^2/s_2^2}{\sigma_1^2/\sigma_2^2}$ が自由度 $(25-1, 20-1) = (24, 19)$ の F 分布にしたがうことを利用します。

③ 有意水準・棄却域を検討する
5% 有意水準で両側検定を行います。境界となるパーセント点を調べておきましょう。

上側確率 0.025 に対応する自由度 (24, 19) の点：2.4523
上側確率 0.975 に対応する自由度 (24, 19) の点：0.4264

よって以下の場合に帰無仮説を棄却します。

棄却域：$\dfrac{s_1{}^2/s_2{}^2}{\sigma_1{}^2/\sigma_2{}^2} < 0.4264$　　または　　$2.4523 < \dfrac{s_1{}^2/s_2{}^2}{\sigma_1{}^2/\sigma_2{}^2}$

$\sigma_1{}^2/\sigma_2{}^2 = 1$ を代入します。

棄却域：$s_1{}^2/s_2{}^2 < 0.4264$　　または　　$2.4523 < s_1{}^2/s_2{}^2$

④　標本に関する値を確認する

標本の分散の比を求めます。$400 \div 450 = 0.8889$ ですので、棄却域にありません。

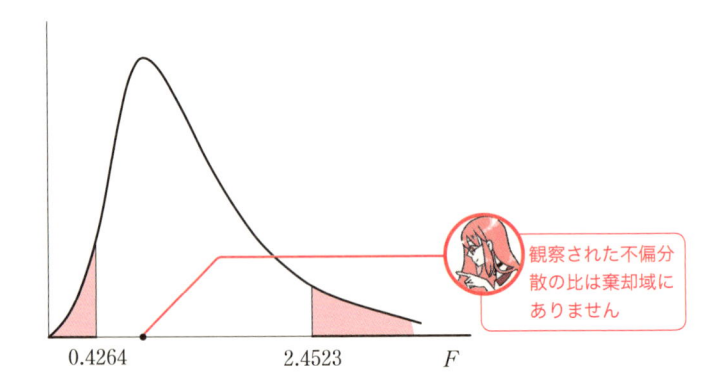

観察された不偏分散の比は棄却域にありません

⑤　結論する

帰無仮説を棄却することができません。したがって「2つの果樹園のりんごの重量のばらつきに違いがある」という対立仮説を採用することができません。

分散の比を検定する事例について練習してみてください。

理解度確認！(5.2)

1) 工場で行われている作業 A について、研修を行った。研修前の作業 A にかかる時間の分散は 25.2 であったことがわかっている。研修後に 20 人のサンプルを調べたところ、不偏分散は 12.4 であった。研修によって作業 A のばらつきは小さくなったといえるか。

2) 駅前の店舗でパンを販売している。晴れの日と雨の日の売上のばらつきには違いがあるように感じられた。違っているといえるか。

	晴れ	雨
調査日数	20	20
売上平均	5.32万円	3.46万円
不偏分散	2.1	1.8

▲天気別売上平均

（解答は p.208）

5.3 適合するか検定しよう

◉適合度の検定をしよう

χ^2 分布、F 分布を使った統計分析には、いろいろな事例・応用があります。いくつかの応用についてこれから紹介していくことにしましょう。

たとえば次のような事例を考えてみましょう。

例題 ある果樹園で収穫されたりんごは A・B・C のランクにわけて出荷されている。ランク別の収穫量は経験的に次のような割合であると考えられている。

ランク	A	B	C
割合	70%	20%	10%

▲りんごのランク別収穫割合

実際に100個のりんごを無作為抽出して調べたところ次のようであった。

ランク	A	B	C
個数	75	18	7

▲りんごのランク別収穫数

実際の収穫は考えられている割合に適合しているといえるか。

ここでは標本による度数が期待された度数に一致しているかどうかを考えます。このとき適合度の検定と呼ばれる検定を行います。

適合度の検定では、まず期待されるデータの個数について考えてみることにします。たとえばランク別収穫数は70%、20%、10%と考えられ

ているわけですから、もしこの割合が正しければ、標本を調べたときには次のようになると期待されるでしょう。

ランク	A	B	C
個数	70	20	10

▲期待されるりんごのランク別収穫数（期待度数）

しかし実際に標本を調べたところ、次のような個数となったわけです。

ランク	A	B	C
個数	75	18	7

▲りんごのランク別収穫数（観測度数）

そこで標本として実際に観察される頻度（観測度数）がどのくらい期待された頻度（期待度数）に適合するかについて検定を行います。これは次のような分布を考えます。

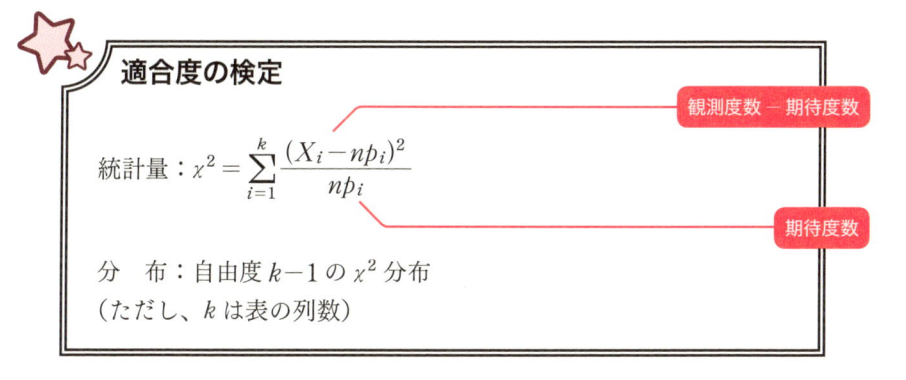

適合度の検定

統計量：$\chi^2 = \sum_{i=1}^{k} \dfrac{(X_i - np_i)^2}{np_i}$

（観測度数 − 期待度数／期待度数）

分　布：自由度 $k-1$ の χ^2 分布
（ただし、k は表の列数）

ここでは期待度数からの観測度数のばらつき度合いを統計量として考えています。

観測度数と期待度数がほぼ一致しているなら、上の χ^2 値は0に近くなります。観測度数と期待度数にずれがあるなら、χ^2 値は大きい値となるでしょう。そこで分布の右側に棄却域を取って片側検定を行うのです。

さっそくりんごの事例について検定を行ってみましょう。

解答

① 仮説を検討する

対立仮説：観測度数は期待度数に適合していない。
帰無仮説：観測度数は期待度数に適合している。

② 標本分布を検討する

列数が3あるため、自由度 $3-1=2$ の χ^2 分布を使用します。統計量を計算してみましょう。

$$\begin{aligned}\chi^2 &= (75-70)^2/70 + (18-20)^2/20 + (7-10)^2/10 \\ &= (25/70) + (4/20) + (9/10) \\ &= 1.4571\end{aligned}$$

③ 有意水準・棄却域を考える

有意水準 5% で片側検定（右側）を行います。自由度 2 の χ^2 分布の上側 5 パーセント点が $\chi^2 = 5.9915$ であることから、棄却域は次のようになります。

$$棄却域：\chi^2 > 5.9915$$

④ 標本に関する値を確認する

標本から計算された統計量の値は 1.4571 ですので、棄却域にありません。

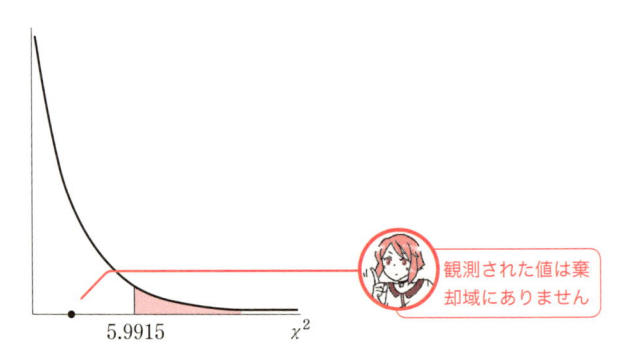

観測された値は棄却域にありません

⑤ 結論する

「観測度数は期待度数に適合している」という帰無仮説が棄却できません。よって「観測度数は期待度数に適合していない」という対立仮説を採用できません。このため考えられている割合に適合していると述べることができます。

適合度の検定の事例をもう 1 つみてみましょう。

練習

ある市場で現在取引されているトマトの生産県の割合は次のようになっていると予測されている。

	A県	B県	C県	D県
割合	60%	20%	10%	10%

▲トマトの生産県割合

実際に 100 箱を無作為抽出して生産県を調べたところ次のようであった。

	A県	B県	C県	D県
個数	70	18	7	5

▲トマトの生産県の調査結果

予測されている割合に適合していると考えられるか。

解答

期待度数は次のようになります。

	A県	B県	C県	D県
個数	60	20	10	10

▲期待度数

また観測度数は次のようになっています。

	A県	B県	C県	D県
個数	70	18	7	5

▲観測度数

適合度の検定をしてみましょう。

① **仮説を検討する**

対立仮説：観測度数は期待度数に適合していない。
帰無仮説：観測度数は期待度数に適合している。

② **標本分布を検討する**

列数が4あるため、自由度 $4-1=3$ の χ^2 分布を使用します。統計量を計算してみましょう。

$$\chi^2 = (70-60)^2/60 + (18-20)^2/20 + (7-10)^2/10 + (5-10)^2/10$$
$$= (100/60) + (4/20) + (9/10) + (25/10)$$
$$= 5.2667$$

③ **有意水準・棄却域を考える**

有意水準5%で片側検定（右側）を行います。自由度3の χ^2 分布の上側5パーセント点が $\chi^2 = 7.8147$ であることから、棄却域は次のようになります。

$$棄却域：\chi^2 > 7.8147$$

④ **標本に関する値を確認する**

標本から計算された統計量の値は5.2667ですので、棄却域にありません。

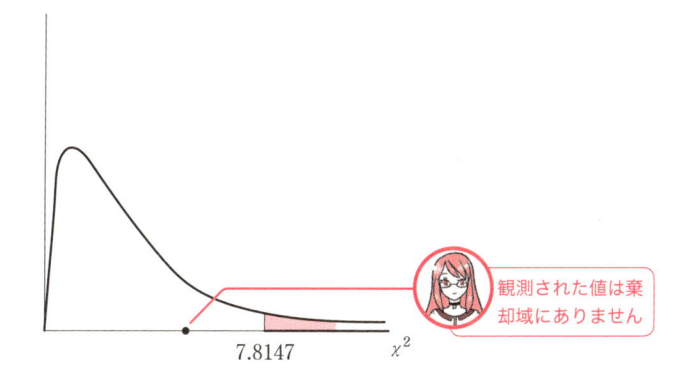

7.8147　χ^2

観測された値は棄却域にありません

⑤ 結論する

「観測度数は期待度数に適合している」という帰無仮説は棄却できません。よって「観測度数は期待度数に適合していない」という対立仮説を採用できません。予測されている割合と違っているとはいえないことになります。

Column／ノン・パラメトリック検定

これまでは母集団の平均・分散・比率などの指標について何が言えるのか仮説をたてて検定を行いました。

母集団の指標（パラメータ）について検定を行ったわけです。これらを**パラメトリック検定**といいます。パラメトリック検定の場合は母集団の分布がどのようになっているのかに注意して検定を行う必要があります。

これに対して適合度の検定ではデータの頻度について検定を行っています。この場合には母集団分布の形状については検討することなく検定を行うことができます。このような検定を**ノン・パラメトリック検定**といいます。母集団分布がわからない場合にも有用な検定といえます。

●独立性の検定をしよう

χ^2 分布を使った適合度の検定ができたでしょうか。さらに、次のように2つのデータ項目間に関係があるかどうかを考える事例に適合度の検定を応用することができます。

例題 生徒が塾に通うことが所属する高校に関係するかということについて調べたい。各学校から100人を標本として調べたところ以下のようになった。塾に通うことと所属高校の違いには関連性がないといえるか。

高校 塾	A校	B校	C校	合計（人）
通っている	15	35	20	70
通っていない	5	5	20	30
合計（人）	20	40	40	100

▲所属校別の通塾人数

ここでは全体におけるA校の割合が20%であることはわかっています。もし「塾に通っている」ことと「所属高校」の2項目に関係性がない場合（独立である場合）には、「塾に通っている」70人のうちの20%＝14人がA高校の生徒であると期待できます。

このように考えると、「塾に通っている」「高校」の項目が独立である場合の期待度数は次のようになるでしょう。そこで、この期待度数を使って適合度の検定を行うことで、2項目間の独立性を考えることができます。

高校 塾	A校	B校	C校	合計（人）
通っている	70×0.2＝14	70×0.4＝28	70×0.4＝28	70
通っていない	30×0.2＝6	30×0.4＝12	30×0.4＝12	30
合計（人）	20	40	40	100

▲期待度数

Column / 分割表と自由度

ここでデータを整理した表は**分割表**と呼ばれます。分割表において動けるデータは、最後の項目を除く以下の網掛け部分のデータとなっています。このため、分割表では(行数−1)(列数−1)を自由度とします。

> 自由に動けるデータです

	列項目A	列項目B	列項目C
行項目1	○	○	×
行項目2	○	○	×
行項目3	×	×	×

▲分割表

解答

① 仮説を検討する

対立仮説：観測度数は期待度数に適合していない。
　　　　　(2項目は独立でない。)
帰無仮説：観測度数は期待度数に適合している。
　　　　　(2項目は独立である。)

② 標本分布を検討する

自由に動けるデータは(行数−1)(列数−1)個となっています。このためここでは自由度$(2-1)(3-1)=2$のχ^2分布を使用します。統計量を計算してみましょう。

$$\begin{aligned}
\chi^2 &= (15-14)^2/14 + (5-6)^2/6 + (35-28)^2/28 + (5-12)^2/12 \\
&\quad + (20-28)^2/28 + (20-12)^2/12 \\
&= (1/14) + (1/6) + (49/28) + (49/12) + (64/28) + (64/12) \\
&= 13.6905
\end{aligned}$$

③ **有意水準・棄却域を検討する**

有意水準 5% で片側検定（右側）を行います。自由度 2 の上側 5 パーセント点が $\chi^2 = 5.9915$ であることから、棄却域は次のようになります。

$$棄却域：\chi^2 > 5.9915$$

④ **標本に関する値を確認する**

標本から計算された値である 13.6905 は棄却域に入っています。

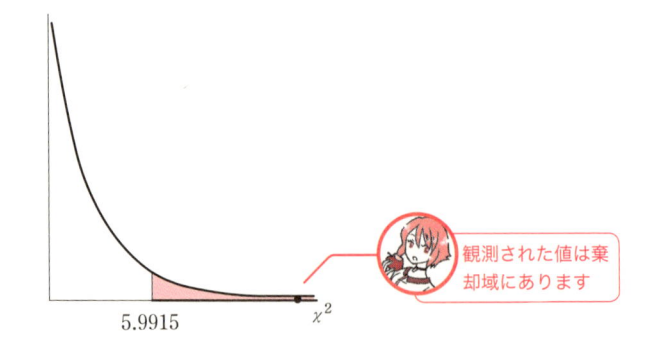

観測された値は棄却域にあります

⑤ **結論する**

「塾に通っていることと所属高校とは独立している」という帰無仮説を棄却します。塾に通うことと所属高校には関係があると結論します。

もう1つの事例で練習してみましょう。

練習

果樹園A～Cで収穫される果物のサイズを分類したところ以下のようになった。果樹園とそこで収穫される果物のサイズには関連があるか。

サイズ 果樹園	L	M	S	合計（個）
A園	12	45	43	100
B園	16	40	44	100
C園	17	35	48	100
合計（個）	45	120	135	300

▲果樹園別果樹サイズ数

解答

まず割合を計算しておきましょう。

Lの割合 $45 \div 300 = 0.15$
Mの割合 $120 \div 300 = 0.4$
Sの割合 $135 \div 300 = 0.45$

したがって期待度数は次のようになります。

サイズ 果樹園	L	M	S	合計
A	$100 \times 0.15 = 15$	$100 \times 0.4 = 40$	$100 \times 0.45 = 45$	100
B	$100 \times 0.15 = 15$	$100 \times 0.4 = 40$	$100 \times 0.45 = 45$	100
C	$100 \times 0.15 = 15$	$100 \times 0.4 = 40$	$100 \times 0.45 = 45$	100
合計	45	120	135	300

▲期待度数

① 仮説を検討する

対立仮説：観測度数は期待度数に適合していない。
　　　　（2項目は独立でない。）

帰無仮説：観測度数は期待度数に適合している。
　　　　（2項目は独立である。）

② 標本分布を検討する

自由に動けるデータは $(3-1)(3-1)=4$ です。このため自由度4の χ^2 分布を使用します。統計量を計算してみましょう。

$$\chi^2 = (12-15)^2/15 + (16-15)^2/15 + (17-15)^2/15 + (45-40)^2/40$$
$$+ (40-40)^2/40 + (35-40)^2/40 + (43-45)^2/45 + (44-45)^2/45$$
$$+ (48-45)^2/45$$
$$= (9/15) + (1/15) + (4/15) + (25/40) + (0/40) + (25/40) + (4/45)$$
$$+ (1/45) + (9/45)$$
$$= 2.4944$$

③ 有意水準・棄却域を検討する

有意水準5％で片側検定（右側）を行います。自由度4の上側5パーセント点が9.4877であることから、棄却域は次のようになります。

$$棄却域：\chi^2 > 9.4877$$

④ 標本に関する値を確認する

標本から計算された値である2.4944は棄却域に入っていません。

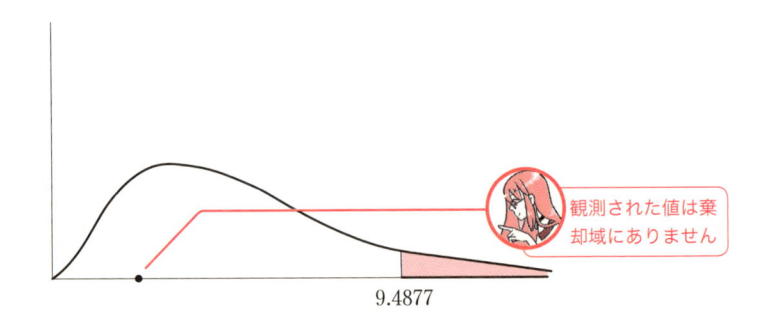

観測された値は棄却域にありません

9.4877

⑤ 結論する

「果樹園と果物のサイズは独立している」という帰無仮説を棄却できません。果樹園と果物のサイズには関係がないと考えられます。

理解度確認！(5.3)

1) 当選確率が以下だとされるくじがある。

等級	1等	2等	3等	4等
割合	8%	12%	30%	50%

▲くじの当選確率

実際に100本のくじをひいて調査したところ次のようになった。

等級	1等	2等	3等	4等
本数	10	13	25	52

▲くじの結果

くじの当選確率は正しいか。

2) 出荷の際、A～Cランクにランク付けされる果樹を栽培している。出荷100日前の肥料の有無と果樹のランクの関連性について調査する。100個を標本として調べたところ以下のようになった。肥料の有無と果樹のランクの違いには関連があるか。

肥料＼ランク	A	B	C	合計
あり	25	20	15	60
なし	10	10	20	40
合計	35	30	35	100

▲肥料の有無と果樹のランク

（解答は p.209）

5.4 散らばりの大きさで確かめよう〜分散分析

●3つのグループについて調べよう

　最後のこの節では、統計の応用として多くの母集団グループの比較を行う手法について紹介しましょう。これまでは1つの母集団の平均・比率・分散などについて推測を行ったり、2つの母集団の平均の差や比を推測したりしてきました。

　さらにすすんで、3つ以上の集団の指標について考える方法があります。たとえば3つの果樹園のりんごの平均重量に差があるかどうかを考えてみましょう。

例題　3つの果樹園A・B・Cから標本を10個ずつ抽出してりんごの重量を調査したところ、以下のようになった。3つの果樹園の平均重量には差があるといえるか。

(単位：グラム)

	果樹園A	果樹園B	果樹園C
	170	165	189
	153	146	153
	128	128	128
	212	221	200
	137	158	153
	178	162	173
	153	163	162
	126	137	125
	198	222	200
	136	142	153
平均	159.1	164.4	163.6
全平均		162.37	

▲果樹園別りんご重量

●グループによる影響を調べてみる

　この手法では果樹園による違いを考えるために、データのばらつきを、果樹園の影響によるものと、りんご個々の影響にわけて考えることにします。このとき、果樹園の影響によるばらつきが個々の影響のばらつきに比較して大きいのならば、果樹園による違いがあると考えるのです。この分析手法を**分散分析**といいます。

　分散分析では、各標本の平均からのばらつきを、各果樹園という母集団グループ間のばらつき（果樹園の影響）とその内部でのグループ内のばらつき（個々のりんごの影響）に分けて考えるわけです。

果樹園による影響と考えます　　　　　　　　　個々のりんごによる影響と考えます

| グループ間のばらつき | グループ内のばらつき |

▲データのばらつき

　データのばらつきを母集団グループの違いによるばらつきとグループ内の個々のデータによるばらつきとにわけて考えます。

　さて、分散分析ではこの2つの種類のばらつきを調べるために、次の2種類の不偏分散を考えることにします。

① 　グループ間のばらつきをあらわす不偏分散：

$$\frac{\sum_{k=1}^{g}(各グループ平均 - 全体平均)^2}{グループ数 - 1}$$

② 　グループ内のばらつきをあらわす不偏分散：

$$\frac{\sum_{k=1}^{n}(各データ - 各グループ平均)^2}{標本数 - 1}$$

（ただしgはグループ数、nは標本数）

①の分子では、各グループについて、全体の平均と各グループ平均との距離を偏差として求め、偏差平方和を求めています。これはグループ数分のデータですから、グループ数－1で割って不偏分散を求めることになります。

　②の分子では、各データについて、各データの値と各グループ平均との距離を偏差として求め、偏差平方和を求めています。これは標本数分のデータですから、標本数－1で割って不偏分散を求めることになります。

　この2種類の不偏分散によって、母集団の分散を推定することができます。このために次の計算を行います。

①より：グループ間不偏分散を標本数倍する

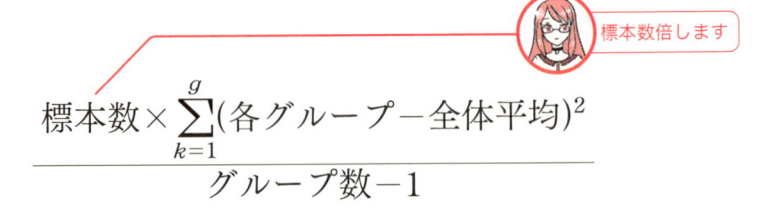

$$\frac{標本数 \times \sum_{k=1}^{g}(各グループ - 全体平均)^2}{グループ数 - 1}$$

（標本数倍します）

②より：グループ内不偏分散をグループ数で割って平均をとる

$$\frac{\sum_{k=1}^{n}(各データ - 各グループ平均)^2}{グループ数(標本数 - 1)}$$

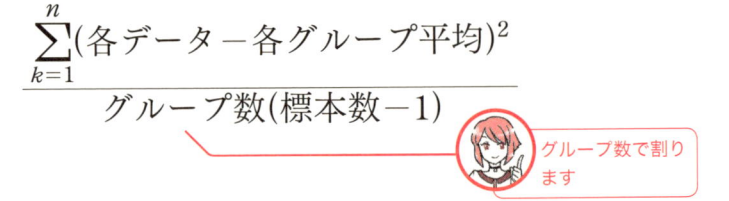

（グループ数で割ります）

　2つの不偏分散から求めた値は、どちらも母集団の分散の推定量となります。このときもしグループ間の違いによる影響が大きい（果樹園の違いの影響によるばらつきが大きい）ならば、①のグループ間の不偏分散は②に比較して大きい値になるはずです。そこで2つの不偏分散の比が1に近いかどうかの検定を行うことにします。つまり、分散分析においては以下の統計量と分布を利用します。

分散分析

統計量：

$$F = \frac{標本数 \times \sum_{k=1}^{g}(各グループ平均 - 全体平均)^2 \Big/ グループ数 - 1}{\sum_{k=1}^{n}(各データ - グループ平均)^2 \Big/ グループ数(標本数 - 1)}$$

（グループ間不偏分散から推定される分散です）

（グループ内不偏分散から推定される分散です）

分布：
自由度（グループ数 -1, グループ数（標本数 -1））の F 分布

なお、検定の際には分散の比が大きいことを対立仮説とし、片側検定（右側）を行います。

Column／χ^2 検定・F 検定

ばらつきやばらつきの比について着目し、検定を行う手法は実践上もよく用いられます。一般的に χ^2 分布を使った検定は χ^2 検定、F 分布を使った検定は F 検定とも呼ばれます。適合度の検定・独立性の検定は χ^2 検定、分散分析は F 検定の一種です。

●分散分析をやってみよう

それでは検定の手順にしたがって計算してみましょう。

解答

① 仮説を検討する

対立仮説：不偏分散の比 F が 1 より大きい。
　　　　　（果樹園の違いの影響が大きい。）

帰無仮説：不偏分散の比 F が1に等しい。
　　　　　（果樹園の違いの影響はない。）

② **標本分布を検討する**

統計量 F を計算します。グループ間・グループ内の偏差平方和を求め、それぞれの不偏分散を求めます。

	A	B	C
	…	…	…
	…	…	…
	…	…	…
平均	159.1	164.4	163.6
全平均		162.37	
偏差平方和	$(159.1-162.37)^2$ $=(-3.27)^2$ $=10.6929$	$(164.4-162.37)^2$ $=(2.03)^2$ $=4.1209$	$(163.6-162.37)^2$ $=(1.23)^2$ $=1.5129$

▲グループ間の偏差平方和

グループ間の不偏分散から推定した値は次のようになります。

> A・B・Cの不偏分散を求め、標本数倍しています

$$10 \times (10.6929 + 4.1209 + 1.5129) \div (3-1) = 81.6335$$

	A	B	C
	$(170-159.1)^2$ $=118.81$	$(165-164.4)^2$ $=0.36$	$(189-163.6)^2$ $=645.16$
	$(153-159.1)^2$ $=37.21$	$(146-164.4)^2$ $=338.56$	$(153-163.6)^2$ $=112.36$
	…	…	…
	…	…	…
計		23913.7	

▲グループ内の偏差平方和

グループ内の不偏分散から推定した値は次のようになります。

$$23913.7 \div (3 \times (10-1)) = 885.6926$$

各データの不偏分散を求め、グループ数で割ります

したがって、2つの不偏分散の比は次のようになります。

$$F = 81.6335 / 885.6926 = 0.0922$$

分散の比です

③ 有意水準・棄却域を検討する

有意水準5％で片側検定（右側）します。自由度 $(3-1, 3\times(10-1)) = (2, 27)$ の F 分布の上側5パーセント点は3.3541ですから、棄却域は次のようになります。

棄却域：$F > 3.3541$

棄却域です

④ 標本に関する値を確認する

計算された分散の比 F は0.0922ですので、棄却域にありません。

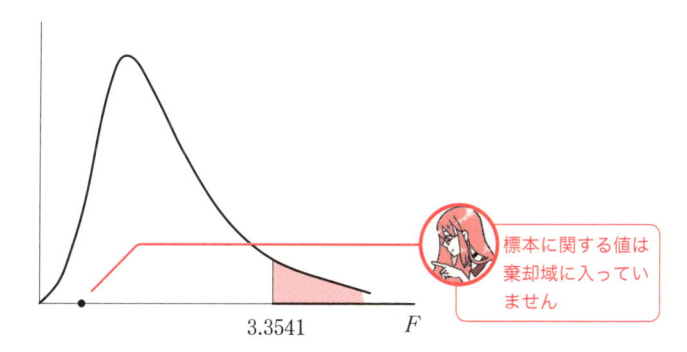

標本に関する値は棄却域に入っていません

⑤ 結論する

「果樹園による違いの影響がない」という帰無仮説を棄却することができません。よって対立仮説を採用できません。つまり、果樹園の影響の違いがあるとはいえないことになります。

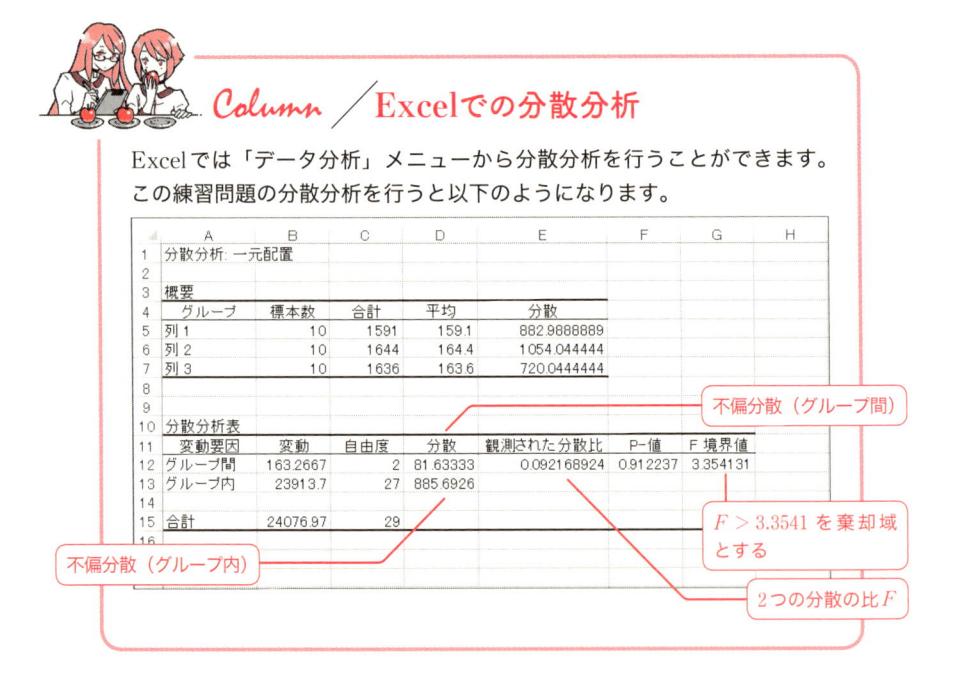

Column / Excelでの分散分析

Excelでは「データ分析」メニューから分散分析を行うことができます。この練習問題の分散分析を行うと以下のようになります。

	A	B	C	D	E	F	G
1	分散分析: 一元配置						
2							
3	概要						
4	グループ	標本数	合計	平均	分散		
5	列 1	10	1591	159.1	882.9888889		
6	列 2	10	1644	164.4	1054.044444		
7	列 3	10	1636	163.6	720.0444444		
8							
9							
10	分散分析表						
11	変動要因	変動	自由度	分散	観測された分散比	P-値	F 境界値
12	グループ間	163.2667	2	81.63333	0.092168924	0.912237	3.354131
13	グループ内	23913.7	27	885.6926			
14							
15	合計	24076.97	29				

- 不偏分散（グループ間）: E列
- 不偏分散（グループ内）: D13
- 2つの分散の比 F
- $F > 3.3541$ を棄却域とする

もう1つの事例で練習してみましょう。

練習

ある農業試験場では3種類の肥料を与え、苗の成長を記録している。3種類の肥料による成長に差があるか。

（単位：センチ）

	肥料A	肥料B	肥料C
	13.8	16.7	13.5
	11.2	15.9	13.6
	15.8	15.3	12.5
	12.9	16.1	16.1
	14.1	14.8	14.3
	12.2	15.5	11.7
	15.5	14.2	10.2
	12.6	17.2	11.3
	16.2	18.7	10.6
	16.3	17.7	15.3
平均	14.06	16.21	12.91

▲肥料別苗の成長データ

解答
同様に検定を行ってみることにします。

① 仮説を検討する
対立仮説：不偏分散の比 F が 1 より大きい。
　　　　　（肥料の違いの影響が大きい。）
帰無仮説：不偏分散の比 F が 1 に等しい。
　　　　　（肥料の違いの影響はない。）

② 標本分布を検討する
グループ間・グループ内の偏差平方和を求め、それぞれの不偏分散を求めます。

	A	B	C
	…	…	…
	…	…	…
	…	…	…
平均	14.06	16.21	12.91
全平均		14.3933	
偏差平方和	$(14.06-14.3933)^2$ $=(0.3333)^2$ $=0.1111$	$(16.21-14.3933)^2$ $=(1.8167)^2$ $=3.3004$	$(12.91-14.3933)^2$ $=(1.4833)^2$ $=2.2002$

▲グループ間の偏差平方和

グループ間の不偏分散から推定した値は次のようになります。

$$10\times(0.1111+3.3004+2.2002)\div(3-1)=28.0585$$

	A	B	C
	$(13.8-14.06)^2$ $=0.0067$	$(16.7-16.21)^2$ $=0.240$	$(13.5-12.91)^2$ $=0.3481$
	$(11.2-14.06)^2$ $=8.180$	$(15.9-16.21)^2$ $=0.0096$	$(13.6-12.91)^2$ $=0.476$
	…	…	…
	…	…	…
計		82.542	

▲グループ内の偏差平方和

グループ内の不偏分散から推定した値は次のようになります。

$$82.542 \div (3 \times (10-1)) = 3.0571$$

2つの不偏分散の比は次のようになります。

$$F = 28.0585 / 3.0571 = 9.1780$$

③ 有意水準・棄却域を検討する

有意水準5%で片側検定します。自由度$(3-1, 3\times(10-1)) = (2, 27)$の$F$分布の上側5パーセント点が3.3541であることから、棄却域は次のようになります。

$$棄却域: F > 3.3541$$

棄却域です

④ 標本に関する値を確認する

計算された分散の比Fは9.1780ですので、棄却域にあります。

観察された標本は棄却域にあります

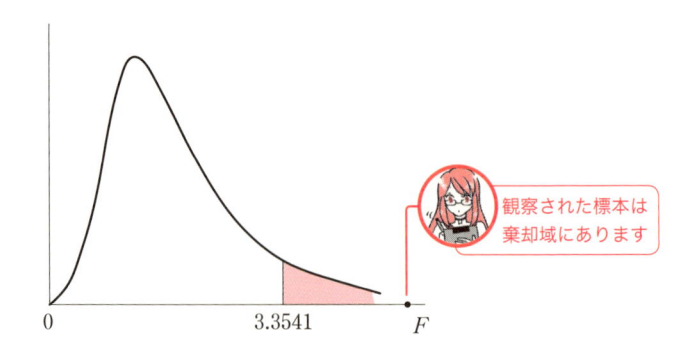

⑤ 結論する

帰無仮説を棄却し、対立仮説を採用します。肥料の影響が大きい、つまり肥料によって苗の成長に差があると考えるのです。

Column／いろいろな分散分析

分散分析ではさらに複雑な分析も考えられています。ここで紹介した分散分析は肥料の影響という1つの要因について分析しており、**一元配置の分散分析**と呼ばれます。

さらに肥料と水分のように要因を2つあげて分析する場合を、**二元配置の分散分析**といいます。この場合、データの散らばりを2つの各要因の影響と個々のデータの影響にわけて分析できます。

さらに同じ条件で繰り返しデータを調査した場合には、**繰り返しのある二元配置**と呼ばれます。この場合には各要因の組み合わせによる影響（交互作用）の分析を行うこともできるようになっています。

統計はこうしたさまざまな複雑な分析にも役立てられているのです。

理解度確認！(5.4)

3種類の広告による売上金額の増加について検討している。広告の前後による増加を記録したところ以下のデータが得られた。広告の種類による差があるか。

(単位：万円)

広告A	広告B	広告C
2.8	1.5	1.9
3.2	1.7	2.0
3.6	1.8	2.1
3.5	1.9	2.5
3.2	1.6	2.4
2.9	1.7	2.5
3.0	1.8	2.3
2.5	1.9	2.4
2.9	2.0	2.3
3.5	1.6	2.6

▲広告別売上増加額

（解答は p.210）

理解度確認!:解答

● 1.2
1) 量的データ
2) 質的データ

● 1.3
1)

点	度数
0〜10	0
11〜20	0
21〜30	0
31〜40	0
41〜50	1
51〜60	3
61〜70	8
71〜80	4
81〜90	3
91〜100	1

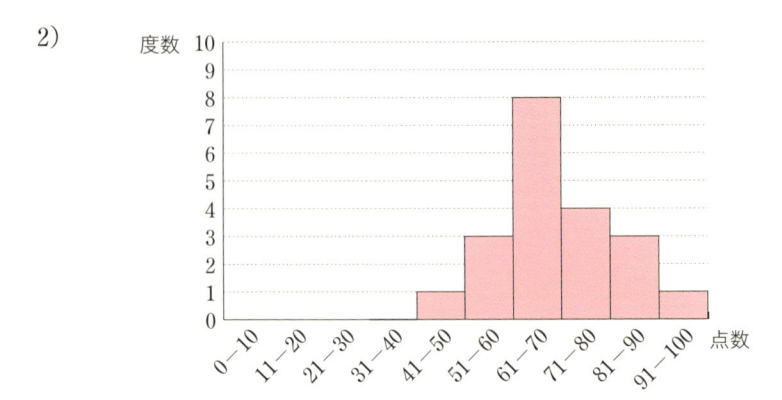

2)

● 1.4
1) 中央値：66.5
2) 平均値：69.15

● 1.5
1) 範囲：45
2) 分散：141.028

● **1.6**
標準偏差：11.876

● **1.7**
1) $z = 2.33$
2) $p = 0.16$

● **1.8**
1) 平均＝508、標準偏差＝106.533 より
$$\frac{565-508}{106.533} = 0.535$$
2) 平均＝69.15、標準偏差＝11.876 より
$$\frac{78-69.15}{11.876} = 0.745$$
$10 \times 0.745 + 50 = 57.45$
3) 標準正規分布上で 0.535 に対応する上側確率を求めると $p = 0.296$
よって上位 29.6%
4) 標準正規分布上で 0.745 に対応する上側確率を求めると $p = 0.228$
よって上位 22.8%

● **2.1**

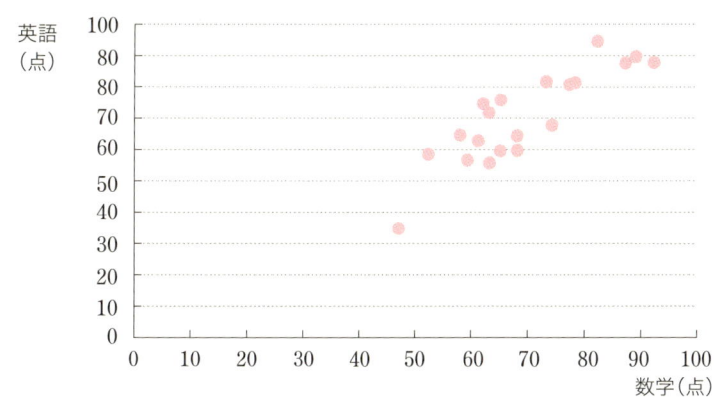

● **2.3**
1) 共分散：148.023
2) 相関係数：0.8657

● 2.4
1) 回帰直線：$y = 1.0496x - 1.7299$
2) 決定係数：0.7494

● 3.1
1) ×
2) ×

● 3.4
1) $-1.96 \times \sqrt{8.6}/\sqrt{20} + 30.5 \leqq \mu \leqq 1.96 \times \sqrt{8.6}/\sqrt{20} + 30.5$ より
$29.21 \leqq \mu \leqq 31.79$
2) $-1.96 \times \sqrt{3.7}/\sqrt{20} + 22.01 \leqq \mu \leqq 1.96 \times \sqrt{3.7}/\sqrt{20} + 22.01$ より
$21.17 \leqq \mu \leqq 22.85$

● 3.5
1) $-2.093 \times \sqrt{5.8}/\sqrt{20} + 70.1 \leqq \mu \leqq 2.093 \times \sqrt{5.8}/\sqrt{20} + 70.1$ より
$68.97 \leqq \mu \leqq 71.23$
2) $-2.093 \times \sqrt{11.1}/\sqrt{20} + 15.6 \leqq \mu \leqq 2.093 \times \sqrt{11.1}/\sqrt{20} + 15.6$ より
$14.04 \leqq \mu \leqq 17.16$

● 3.7
1) 標本比率：$189 \div 500 = 0.378$
$-1.96 \times \sqrt{(0.378(1-0.378))/500} + 0.378 \leqq \mu$
$\leqq 1.96 \times \sqrt{(0.378(1-0.378))/500} + 0.378$ より
$0.3355 \leqq \mu \leqq 0.4205$　　33.5% 以上 42.05% 以下
2) 標本比率：$23 \div 500 = 0.046$
$-1.96 \times \sqrt{(0.046(1-0.046))/500} + 0.046 \leqq \mu$
$\leqq 1.96 \times \sqrt{(0.046(1-0.046))/500} + 0.046$ より
$0.0276 \leqq \mu \leqq 0.0644$　　2.76% 以上 6.44% 以下
3) $-1.96 \times \sqrt{(0.623(1-0.623))/300} + 0.623 \leqq \mu$
$\leqq 1.96 \times \sqrt{(0.623(1-0.623))/300} + 0.623$ より
$0.5682 \leqq \mu \leqq 0.6778$　　56.82% 以上 67.78% 以下

●4.1
対立仮説 …… 国語の平均点は 82 点ではない。
帰無仮説 …… 国語の平均点は 82 点である。

●4.2
1) $\overline{X} < -1.96 \times \sqrt{25}/\sqrt{20} + 180$ または
$1.96 \times \sqrt{25}/\sqrt{20} + 180 < \overline{X}$ より、
$\overline{X} < 177.81$ または $182.19 < \overline{X}$ であれば帰無仮説を棄却します。標本平均が 185 であるため帰無仮説を棄却します。180 グラムではないと考えられます。

2) $\overline{X} < -2.093\sqrt{232}/\sqrt{20} + 500$ または
$-2.093\sqrt{232}/\sqrt{20} + 500 < \overline{X}$ より、
$\overline{X} < 492.87$ または $507.13 < \overline{X}$ であれば帰無仮説を棄却します。標本平均が 478 であるため帰無仮説を棄却します。500 グラムではないと考えられます。

●4.3
1) $1.65\sqrt{36}/\sqrt{20} + 300 < \overline{X}$ より、$\overline{X} > 302.21$ であれば帰無仮説を棄却します。標本平均が 308 であるため帰無仮説を棄却します。300 グラムより重くなったと考えられます。

2) $-1.73\sqrt{24}/\sqrt{20} + 70 > \overline{X}$ より、$\overline{X} < 68.10$ であれば帰無仮説を棄却します。標本平均が 68.5 であるため帰無仮説を棄却できません。70 点より低くなったとはいえません。

●4.4
1) $\overline{X} - \overline{Y} < -1.96\sqrt{\left(\dfrac{25}{20}\right) + \left(\dfrac{36}{20}\right)}$ または
$1.96\sqrt{\left(\dfrac{25}{20}\right) + \left(\dfrac{36}{20}\right)} < \overline{X} - \overline{Y}$ より、
$\overline{X} - \overline{Y} < -3.423$ または $3.423 < \overline{X} - \overline{Y}$ であれば棄却します。
$326.4 - 317.8 = 8.6$ ですから帰無仮説を棄却します。平均に差があると考えられます。

2) $s^2 = \dfrac{(10-1)\times 28 + (10-1)\times 38}{10+10-2} = 33$。

よって $\overline{X} - \overline{Y} < -2.101\sqrt{\left(\dfrac{33}{10}\right) + \left(\dfrac{33}{10}\right)}$ または

$2.101\sqrt{\left(\dfrac{33}{10}\right) + \left(\dfrac{33}{10}\right)} < \overline{X} - \overline{Y}$ より、

$\overline{X} - \overline{Y} < -5.398$ または $5.398 < \overline{X} - \overline{Y}$ であれば帰無仮説を棄却します。差は $767 - 792 = -25$ ですから帰無仮説を棄却します。平均に差があると考えられます。

3) $s^2 = \dfrac{(10-1)\times 42 + (10-1)\times 56}{10+10-2} = 49$。よって

$\overline{X} - \overline{Y} < -2.101\sqrt{\left(\dfrac{49}{10}\right) + \left(\dfrac{49}{10}\right)}$ または

$2.101\sqrt{\left(\dfrac{49}{10}\right) + \left(\dfrac{49}{10}\right)} < \overline{X} - \overline{Y}$ より、

$\overline{X} - \overline{Y} < -6.578$ または $6.578 < \overline{X} - \overline{Y}$ であれば帰無仮説を棄却します。差は $15.32 - 16.13 = -0.81$ ですから、帰無仮説を棄却できません。差があるとはいえません。

● 5.1

1) $1.65\sqrt{(0.85(1-0.85))/300} + 0.85 < \overline{X}$ より、$\overline{X} > 0.8840$ であれば棄却します。$270 \div 300 = 0.9$ ですので 85% 以上の支持があると考えられます。

2) $s^2 = \dfrac{(20-1)\times 49 + (20-1)\times 36}{20+20-2} = 42.5$ より、95% 信頼区間は

$(72.2 - 60.1) - 2.024\sqrt{\left(\dfrac{42.5}{20}\right) + \left(\dfrac{42.5}{20}\right)} \leqq \mu_1 - \mu_2$

$\leqq (72.2 - 60.1) + 2.024\sqrt{\left(\dfrac{42.5}{20}\right) + \left(\dfrac{42.5}{20}\right)}$

と考えられます。したがって $7.927 \leqq \mu_1 - \mu_2 \leqq 16.273$ となります。

● 5.2

1) $(20-1)\dfrac{s^2}{25.2} < 10.1170$ より、$s^2 < 13.4183$ であれば棄却します。不

偏分散は 12.4 ですので帰無仮説を棄却します。ばらつきが小さくなったと考えられます。

2) 上側確率 0.025 に対応する自由度 (19, 19) の点：2.5265
上側確率 0.975 に対応する自由度 (19, 19) の点：0.3958
棄却域は $\dfrac{s_1^2/s_2^2}{\sigma_1^2/\sigma_2^2} < 0.3958$ または $2.5265 < \dfrac{s_1^2/s_2^2}{\sigma_1^2/\sigma_2^2}$ です。
$\sigma_1^2/\sigma_2^2 = 1$ を代入して、
$s_1^2/s_2^2 < 0.3958$ または $2.5265 < s_1^2/s_2^2$ のとき棄却します。
不偏分散の比は $2.1 \div 1.8 = 1.167$ ですから棄却域にはありません。したがってばらつきに差があるとはいえません。

● 5.3

1) 自由度 $k-1 = 4-1 = 3$ の χ^2 分布の上側 5 パーセント点は 7.8147 ですから $\chi^2 > 7.8147$ のとき棄却します。
$\chi^2 = (10-8)^2/8 + (13-12)^2/12 + (25-30)^2/30 + (52-50)^2/50$
$= (4/8) + (1/12) + (25/30) + (4/50) = 1.4967$

棄却域にありません。当選確率に適合している（適合していないとはいえない）と考えられます。

2) A の割合は 0.35、B の割合は 0.3、C の割合は 0.35 になっています。

肥料＼ランク	A	B	C	合計
あり	60×0.35 = 21	60×0.3 = 18	60×0.35 = 21	60
なし	40×0.35 = 14	40×0.3 = 12	40×0.35 = 14	40
合計	35	30	35	100

$\chi^2 = (25-21)^2/21 + (10-14)^2/14 + (20-18)^2/18$
$\quad + (10-12)^2/12 + (15-21)^2/21 + (20-14)^2/14$
$= (16/21) + (16/14) + (4/18) + (4/12) + (36/21) + (36/14)$
$= 6.7460$

自由度 2 の上側 5 パーセント点が $\chi^2 = 5.9915$ であることから、$\chi^2 > 5.9915$ のときに棄却します。χ^2 は 6.7460 ですので棄却域にあります。適合していないと考えられるため、果実のランクと肥料の有無には関連があると考えられます。

● **5.4**

自由度 $(3-1, 3\times(10-1)) = (2, 27)$ の上側 5 パーセント点は 3.3541 より、棄却域 $F > 3.3541$ となります。分散の比を計算すると $F = 4.6803/0.0679 = 68.9035$ ですので棄却域にあります。広告効果に違いがあると考えられます。

付 録

● Excelの関数

指標	関数	備考
平均値	AVERAGE()	データ範囲から求める
中央値	MEDIAN()	
最頻値	MODE()	
四分位数	QUARTILE()	
最大値	MAX()	
最小値	MIN()	
範囲	MAX()−MIN()	
偏差平方和	DEVSQ()	
分散	VARP()	
標準偏差	STDEVP()	
不偏分散	VAR()	
不偏分散による標準偏差	STDEV()	
共分散	COVAR()	2つのデータ範囲から求める
相関係数	CORREL()	
正規分布	NORMDIST()	パーセント点→確率を求める
	NORMINV()	確率→パーセント点を求める
標準正規分布	NORMSDIST()	パーセント点→確率を求める
	NORMSINV()	確率→パーセント点を求める
t 分布	TDIST()	パーセント点・自由度→確率を求める
	TINV()	確率・自由度→パーセント点を求める
x^2 分布	CHIDIST()	パーセント点・自由度→確率を求める
	CHINV()	確率・自由度→パーセント点を求める
F 分布	FDIST()	パーセント点・自由度→確率を求める
	FINV()	確率・自由度→パーセント点を求める

● 標準正規分布（上側確率）

Z	0	0.01	0.02	0.03	0.04	0.05	0.06	0.07	0.08	0.09
0.0	0.50000	0.49601	0.49202	0.48803	0.48405	0.48006	0.47608	0.47210	0.46812	0.46414
0.1	0.46017	0.45620	0.45224	0.44828	0.44433	0.44038	0.43644	0.43251	0.42858	0.42465
0.2	0.42074	0.41683	0.41294	0.40905	0.40517	0.40129	0.39743	0.39358	0.38974	0.38591
0.3	0.38209	0.37828	0.37448	0.37070	0.36693	0.36317	0.35942	0.35569	0.35197	0.34827
0.4	0.34458	0.34090	0.33724	0.33360	0.32997	0.32636	0.32276	0.31918	0.31561	0.31207
0.5	0.30854	0.30503	0.30153	0.29806	0.29460	0.29116	0.28774	0.28434	0.28096	0.27760
0.6	0.27425	0.27093	0.26763	0.26435	0.26109	0.25785	0.25463	0.25143	0.24825	0.24510
0.7	0.24196	0.23885	0.23576	0.23270	0.22965	0.22663	0.22363	0.22065	0.21770	0.21476
0.8	0.21186	0.20897	0.20611	0.20327	0.20045	0.19766	0.19489	0.19215	0.18943	0.18673
0.9	0.18406	0.18141	0.17879	0.17619	0.17361	0.17106	0.16853	0.16602	0.16354	0.16109
1.0	0.15866	0.15625	0.15386	0.15151	0.14917	0.14686	0.14457	0.14231	0.14007	0.13786
1.1	0.13567	0.13350	0.13136	0.12924	0.12714	0.12507	0.12302	0.12100	0.11900	0.11702
1.2	0.11507	0.11314	0.11123	0.10935	0.10749	0.10565	0.10383	0.10204	0.10027	0.09853
1.3	0.09680	0.09510	0.09342	0.09176	0.09012	0.08851	0.08691	0.08534	0.08379	0.08226
1.4	0.08076	0.07927	0.07780	0.07636	0.07493	0.07353	0.07215	0.07078	0.06944	0.06811
1.5	0.06681	0.06552	0.06426	0.06301	0.06178	0.06057	0.05938	0.05821	0.05705	0.05592
1.6	0.05480	0.05370	0.05262	0.05155	0.05050	0.04947	0.04846	0.04746	0.04648	0.04551
1.7	0.04457	0.04363	0.04272	0.04182	0.04093	0.04006	0.03920	0.03836	0.03754	0.03673
1.8	0.03593	0.03515	0.03438	0.03362	0.03288	0.03216	0.03144	0.03074	0.03005	0.02938
1.9	0.02872	0.02807	0.02743	0.02680	0.02619	0.02559	0.02500	0.02442	0.02385	0.02330
2.0	0.02275	0.02222	0.02169	0.02118	0.02068	0.02018	0.01970	0.01923	0.01876	0.01831
2.1	0.01786	0.01743	0.01700	0.01659	0.01618	0.01578	0.01539	0.01500	0.01463	0.01426
2.2	0.01390	0.01355	0.01321	0.01287	0.01255	0.01222	0.01191	0.01160	0.01130	0.01101
2.3	0.01072	0.01044	0.01017	0.00990	0.00964	0.00939	0.00914	0.00889	0.00866	0.00842
2.4	0.00820	0.00798	0.00776	0.00755	0.00734	0.00714	0.00695	0.00676	0.00657	0.00639
2.5	0.00621	0.00604	0.00587	0.00570	0.00554	0.00539	0.00523	0.00508	0.00494	0.00480
2.6	0.00466	0.00453	0.00440	0.00427	0.00415	0.00402	0.00391	0.00379	0.00368	0.00357
2.7	0.00347	0.00336	0.00326	0.00317	0.00307	0.00298	0.00289	0.00280	0.00272	0.00264
2.8	0.00256	0.00248	0.00240	0.00233	0.00226	0.00219	0.00212	0.00205	0.00199	0.00193
2.9	0.00187	0.00181	0.00175	0.00169	0.00164	0.00159	0.00154	0.00149	0.00144	0.00139
3.0	0.00135	0.00131	0.00126	0.00122	0.00118	0.00114	0.00111	0.00107	0.00104	0.00100

● t 分布（パーセント点）

上側確率 p / 自由度 k	0.1	0.05	0.025	0.02	0.01	0.001
1	3.078	6.314	12.706	15.895	31.821	318.309
2	1.886	2.920	4.303	4.849	6.965	22.327
3	1.638	2.353	3.182	3.482	4.541	10.215
4	1.533	2.132	2.776	2.999	3.747	7.173
5	1.476	2.015	2.571	2.757	3.365	5.893
6	1.440	1.943	2.447	2.612	3.143	5.208
7	1.415	1.895	2.365	2.517	2.998	4.785
8	1.397	1.860	2.306	2.449	2.896	4.501
9	1.383	1.833	2.262	2.398	2.821	4.297
10	1.372	1.812	2.228	2.359	2.764	4.144
11	1.363	1.796	2.201	2.328	2.718	4.025
12	1.356	1.782	2.179	2.303	2.681	3.930
13	1.350	1.771	2.160	2.282	2.650	3.852
14	1.345	1.761	2.145	2.264	2.624	3.787
15	1.341	1.753	2.131	2.249	2.602	3.733
16	1.337	1.746	2.120	2.235	2.583	3.686
17	1.333	1.740	2.110	2.224	2.567	3.646
18	1.330	1.734	2.101	2.214	2.552	3.610
19	1.328	1.729	2.093	2.205	2.539	3.579
20	1.325	1.725	2.086	2.197	2.528	3.552
21	1.323	1.721	2.080	2.189	2.518	3.527
22	1.321	1.717	2.074	2.183	2.508	3.505
23	1.319	1.714	2.069	2.177	2.500	3.485
24	1.318	1.711	2.064	2.172	2.492	3.467
25	1.316	1.708	2.060	2.167	2.485	3.450
26	1.315	1.706	2.056	2.162	2.479	3.435
27	1.314	1.703	2.052	2.158	2.473	3.421
28	1.313	1.701	2.048	2.154	2.467	3.408
29	1.311	1.699	2.045	2.150	2.462	3.396
30	1.310	1.697	2.042	2.147	2.457	3.385

χ^2 分布（パーセント点）

上側確率 α / 自由度 k	0.995	0.990	0.975	0.050	0.025	0.010	0.005
1	3.9270E−05	1.5709E−04	9.8207E−04	3.8415	5.0239	6.6349	7.8794
2	0.0100	0.0201	0.0506	5.9915	7.3778	9.2103	10.5966
3	0.0717	0.1148	0.2158	7.8147	9.3484	11.3449	12.8382
4	0.2070	0.2971	0.4844	9.4877	11.1433	13.2767	14.8603
5	0.4117	0.5543	0.8312	11.0705	12.8325	15.0863	16.7496
6	0.6757	0.8721	1.2373	12.5916	14.4494	16.8119	18.5476
7	0.9893	1.2390	1.6899	14.0671	16.0128	18.4753	20.2777
8	1.3444	1.6465	2.1797	15.5073	17.5345	20.0902	21.9550
9	1.7349	2.0879	2.7004	16.9190	19.0228	21.6660	23.5894
10	2.1559	2.5582	3.2470	18.3070	20.4832	23.2093	25.1882
11	2.6032	3.0535	3.8157	19.6751	21.9200	24.7250	26.7568
12	3.0738	3.5706	4.4038	21.0261	23.3367	26.2170	28.2995
13	3.5650	4.1069	5.0088	22.3620	24.7356	27.6882	29.8195
14	4.0747	4.6604	5.6287	23.6848	26.1189	29.1412	31.3193
15	4.6009	5.2293	6.2621	24.9958	27.4884	30.5779	32.8013
16	5.1422	5.8122	6.9077	26.2962	28.8454	31.9999	34.2672
17	5.6972	6.4078	7.5642	27.5871	30.1910	33.4087	35.7185
18	6.2648	7.0149	8.2307	28.8693	31.5264	34.8053	37.1565
19	6.8440	7.6327	8.9065	30.1435	32.8523	36.1909	38.5823
20	7.4338	8.2604	9.5908	31.4104	34.1696	37.5662	39.9968
21	8.0337	8.8972	10.2829	32.6706	35.4789	38.9322	41.4011
22	8.6427	9.5425	10.9823	33.9244	36.7807	40.2894	42.7957
23	9.2604	10.1957	11.6886	35.1725	38.0756	41.6384	44.1813
24	9.8862	10.8564	12.4012	36.4150	39.3641	42.9798	45.5585
25	10.5197	11.5240	13.1197	37.6525	40.6465	44.3141	46.9279
26	11.1602	12.1981	13.8439	38.8851	41.9232	45.6417	48.2899
27	11.8076	12.8785	14.5734	40.1133	43.1945	46.9629	49.6449
28	12.4613	13.5647	15.3079	41.3371	44.4608	48.2782	50.9934
29	13.1211	14.2565	16.0471	42.5570	45.7223	49.5879	52.3356
30	13.7867	14.9535	16.7908	43.7730	46.9792	50.8922	53.6720

● F分布その1前半（パーセント点、$p=0.025$）

自由度l \ 自由度k	1	2	3	4	5	6	7	8	9	10
1	647.7890	799.5000	864.1630	899.5833	921.8479	937.1111	948.2169	956.6562	963.2846	968.6274
2	38.5063	39.0000	39.1655	39.2484	39.2982	39.3315	39.3552	39.3730	39.3869	39.3980
3	17.4434	16.0441	15.4392	15.1010	14.8848	14.7347	14.6244	14.5399	14.4731	14.4189
4	12.2179	10.6491	9.9792	9.6045	9.3645	9.1973	9.0741	8.9796	8.9047	8.8439
5	10.0070	8.4336	7.7636	7.3879	7.1464	6.9777	6.8531	6.7572	6.6811	6.6192
6	8.8131	7.2599	6.5988	6.2272	5.9876	5.8198	5.6955	5.5996	5.5234	5.4613
7	8.0727	6.5415	5.8898	5.5226	5.2852	5.1186	4.9949	4.8993	4.8232	4.7611
8	7.5709	6.0595	5.4160	5.0526	4.8173	4.6517	4.5286	4.4333	4.3572	4.2951
9	7.2093	5.7147	5.0781	4.7181	4.4844	4.3197	4.1970	4.1020	4.0260	3.9639
10	6.9367	5.4564	4.8256	4.4683	4.2361	4.0721	3.9498	3.8549	3.7790	3.7168
11	6.7241	5.2559	4.6300	4.2751	4.0440	3.8807	3.7586	3.6638	3.5879	3.5257
12	6.5538	5.0959	4.4742	4.1212	3.8911	3.7283	3.6065	3.5118	3.4358	3.3736
13	6.4143	4.9653	4.3472	3.9959	3.7667	3.6043	3.4827	3.3880	3.3120	3.2497
14	6.2979	4.8567	4.2417	3.8919	3.6634	3.5014	3.3799	3.2853	3.2093	3.1469
15	6.1995	4.7650	4.1528	3.8043	3.5764	3.4147	3.2934	3.1987	3.1227	3.0602
16	6.1151	4.6867	4.0768	3.7294	3.5021	3.3406	3.2194	3.1248	3.0488	2.9862
17	6.0420	4.6189	4.0112	3.6648	3.4379	3.2767	3.1556	3.0610	2.9849	2.9222
18	5.9781	4.5597	3.9539	3.6083	3.3820	3.2209	3.0999	3.0053	2.9291	2.8664
19	5.9216	4.5075	3.9034	3.5587	3.3327	3.1718	3.0509	2.9563	2.8801	2.8172
20	5.8715	4.4613	3.8587	3.5147	3.2891	3.1283	3.0074	2.9128	2.8365	2.7737
21	5.8266	4.4199	3.8188	3.4754	3.2501	3.0895	2.9686	2.8740	2.7977	2.7348
22	5.7863	4.3828	3.7829	3.4401	3.2151	3.0546	2.9338	2.8392	2.7628	2.6998
23	5.7498	4.3492	3.7505	3.4083	3.1835	3.0232	2.9023	2.8077	2.7313	2.6682
24	5.7166	4.3187	3.7211	3.3794	3.1548	2.9946	2.8738	2.7791	2.7027	2.6396
25	5.6864	4.2909	3.6943	3.3530	3.1287	2.9685	2.8478	2.7531	2.6766	2.6135
26	5.6586	4.2655	3.6697	3.3289	3.1048	2.9447	2.8240	2.7293	2.6528	2.5896
27	5.6331	4.2421	3.6472	3.3067	3.0828	2.9228	2.8021	2.7074	2.6309	2.5676
28	5.6096	4.2205	3.6264	3.2863	3.0626	2.9027	2.7820	2.6872	2.6106	2.5473
29	5.5878	4.2006	3.6072	3.2674	3.0438	2.8840	2.7633	2.6686	2.5919	2.5286
30	5.5675	4.1821	3.5894	3.2499	3.0265	2.8667	2.7460	2.6513	2.5746	2.5112

● F分布その1後半（パーセント点、$p = 0.025$）

自由度l \ 自由度k	11	12	13	14	15	16	17	18	19	20
1	973.0252	976.7079	979.8368	982.5278	984.8668	986.9187	988.7331	990.3490	991.7973	993.1028
2	39.4071	39.4146	39.4210	39.4265	39.4313	39.4354	39.4391	39.4424	39.4453	39.4479
3	14.3742	14.3366	14.3045	14.2768	14.2527	14.2315	14.2127	14.1960	14.1810	14.1674
4	8.7935	8.7512	8.7150	8.6838	8.6565	8.6326	8.6113	8.5924	8.5753	8.5599
5	6.5678	6.5245	6.4876	6.4556	6.4277	6.4032	6.3814	6.3619	6.3444	6.3286
6	5.4098	5.3662	5.3290	5.2968	5.2687	5.2439	5.2218	5.2021	5.1844	5.1684
7	4.7095	4.6658	4.6285	4.5961	4.5678	4.5428	4.5206	4.5008	4.4829	4.4667
8	4.2434	4.1997	4.1622	4.1297	4.1012	4.0761	4.0538	4.0338	4.0158	3.9995
9	3.9121	3.8682	3.8306	3.7980	3.7694	3.7441	3.7216	3.7015	3.6833	3.6669
10	3.6649	3.6209	3.5832	3.5504	3.5217	3.4963	3.4737	3.4534	3.4351	3.4185
11	3.4737	3.4296	3.3917	3.3588	3.3299	3.3044	3.2816	3.2612	3.2428	3.2261
12	3.3215	3.2773	3.2393	3.2062	3.1772	3.1515	3.1286	3.1081	3.0896	3.0728
13	3.1975	3.1532	3.1150	3.0819	3.0527	3.0269	3.0039	2.9832	2.9646	2.9477
14	3.0946	3.0502	3.0119	2.9786	2.9493	2.9234	2.9003	2.8795	2.8607	2.8437
15	3.0078	2.9633	2.9249	2.8915	2.8621	2.8360	2.8128	2.7919	2.7730	2.7559
16	2.9337	2.8890	2.8506	2.8170	2.7875	2.7614	2.7380	2.7170	2.6980	2.6808
17	2.8696	2.8249	2.7863	2.7526	2.7230	2.6968	2.6733	2.6522	2.6331	2.6158
18	2.8137	2.7689	2.7302	2.6964	2.6667	2.6404	2.6168	2.5956	2.5764	2.5590
19	2.7645	2.7196	2.6808	2.6469	2.6171	2.5907	2.5670	2.5457	2.5265	2.5089
20	2.7209	2.6758	2.6369	2.6030	2.5731	2.5465	2.5228	2.5014	2.4821	2.4645
21	2.6819	2.6368	2.5978	2.5638	2.5338	2.5071	2.4833	2.4618	2.4424	2.4247
22	2.6469	2.6017	2.5626	2.5285	2.4984	2.4717	2.4478	2.4262	2.4067	2.3890
23	2.6152	2.5699	2.5308	2.4966	2.4665	2.4396	2.4157	2.3940	2.3745	2.3567
24	2.5865	2.5411	2.5019	2.4677	2.4374	2.4105	2.3865	2.3648	2.3452	2.3273
25	2.5603	2.5149	2.4756	2.4413	2.4110	2.3840	2.3599	2.3381	2.3184	2.3005
26	2.5363	2.4908	2.4515	2.4171	2.3867	2.3597	2.3355	2.3137	2.2939	2.2759
27	2.5143	2.4688	2.4293	2.3949	2.3644	2.3373	2.3131	2.2912	2.2713	2.2533
28	2.4940	2.4484	2.4089	2.3743	2.3438	2.3167	2.2924	2.2704	2.2505	2.2324
29	2.4752	2.4295	2.3900	2.3554	2.3248	2.2976	2.2732	2.2512	2.2313	2.2131
30	2.4577	2.4120	2.3724	2.3378	2.3072	2.2799	2.2554	2.2334	2.2134	2.1952

● F分布その2前半（パーセント点、$p = 0.05$）

自由度 l \ 自由度 k	1	2	3	4	5	6	7	8	9	10
1	161.4476	199.5000	215.7073	224.5832	230.1619	233.9860	236.7684	238.8827	240.5433	241.8817
2	18.5128	19.0000	19.1643	19.2468	19.2964	19.3295	19.3532	19.3710	19.3848	19.3959
3	10.1280	9.5521	9.2766	9.1172	9.0135	8.9406	8.8867	8.8452	8.8123	8.7855
4	7.7086	6.9443	6.5914	6.3882	6.2561	6.1631	6.0942	6.0410	5.9988	5.9644
5	6.6079	5.7861	5.4095	5.1922	5.0503	4.9503	4.8759	4.8183	4.7725	4.7351
6	5.9874	5.1433	4.7571	4.5337	4.3874	4.2839	4.2067	4.1468	4.0990	4.0600
7	5.5914	4.7374	4.3468	4.1203	3.9715	3.8660	3.7870	3.7257	3.6767	3.6365
8	5.3177	4.4590	4.0662	3.8379	3.6875	3.5806	3.5005	3.4381	3.3881	3.3472
9	5.1174	4.2565	3.8625	3.6331	3.4817	3.3738	3.2927	3.2296	3.1789	3.1373
10	4.9646	4.1028	3.7083	3.4780	3.3258	3.2172	3.1355	3.0717	3.0204	2.9782
11	4.8443	3.9823	3.5874	3.3567	3.2039	3.0946	3.0123	2.9480	2.8962	2.8536
12	4.7472	3.8853	3.4903	3.2592	3.1059	2.9961	2.9134	2.8486	2.7964	2.7534
13	4.6672	3.8056	3.4105	3.1791	3.0254	2.9153	2.8321	2.7669	2.7144	2.6710
14	4.6001	3.7389	3.3439	3.1122	2.9582	2.8477	2.7642	2.6987	2.6458	2.6022
15	4.5431	3.6823	3.2874	3.0556	2.9013	2.7905	2.7066	2.6408	2.5876	2.5437
16	4.4940	3.6337	3.2389	3.0069	2.8524	2.7413	2.6572	2.5911	2.5377	2.4935
17	4.4513	3.5915	3.1968	2.9647	2.8100	2.6987	2.6143	2.5480	2.4943	2.4499
18	4.4139	3.5546	3.1599	2.9277	2.7729	2.6613	2.5767	2.5102	2.4563	2.4117
19	4.3807	3.5219	3.1274	2.8951	2.7401	2.6283	2.5435	2.4768	2.4227	2.3779
20	4.3512	3.4928	3.0984	2.8661	2.7109	2.5990	2.5140	2.4471	2.3928	2.3479
21	4.3248	3.4668	3.0725	2.8401	2.6848	2.5727	2.4876	2.4205	2.3660	2.3210
22	4.3009	3.4434	3.0491	2.8167	2.6613	2.5491	2.4638	2.3965	2.3419	2.2967
23	4.2793	3.4221	3.0280	2.7955	2.6400	2.5277	2.4422	2.3748	2.3201	2.2747
24	4.2597	3.4028	3.0088	2.7763	2.6207	2.5082	2.4226	2.3551	2.3002	2.2547
25	4.2417	3.3852	2.9912	2.7587	2.6030	2.4904	2.4047	2.3371	2.2821	2.2365
26	4.2252	3.3690	2.9752	2.7426	2.5868	2.4741	2.3883	2.3205	2.2655	2.2197
27	4.2100	3.3541	2.9604	2.7278	2.5719	2.4591	2.3732	2.3053	2.2501	2.2043
28	4.1960	3.3404	2.9467	2.7141	2.5581	2.4453	2.3593	2.2913	2.2360	2.1900
29	4.1830	3.3277	2.9340	2.7014	2.5454	2.4324	2.3463	2.2783	2.2229	2.1768
30	4.1709	3.3158	2.9223	2.6896	2.5336	2.4205	2.3343	2.2662	2.2107	2.1646

● F 分布その2後半（パーセント点、$p=0.05$）

自由度k / 自由度l	11	12	13	14	15	16	17	18	19	20
1	242.9835	243.9060	244.6898	245.3640	245.9499	246.4639	246.9184	247.3232	247.6861	248.0131
2	19.4050	19.4125	19.4189	19.4244	19.4291	19.4333	19.4370	19.4402	19.4431	19.4458
3	8.7633	8.7446	8.7287	8.7149	8.7029	8.6923	8.6829	8.6745	8.6670	8.6602
4	5.9358	5.9117	5.8911	5.8733	5.8578	5.8441	5.8320	5.8211	5.8114	5.8025
5	4.7040	4.6777	4.6552	4.6358	4.6188	4.6038	4.5904	4.5785	4.5678	4.5581
6	4.0274	3.9999	3.9764	3.9559	3.9381	3.9223	3.9083	3.8957	3.8844	3.8742
7	3.6030	3.5747	3.5503	3.5292	3.5107	3.4944	3.4799	3.4669	3.4551	3.4445
8	3.3130	3.2839	3.2590	3.2374	3.2184	3.2016	3.1867	3.1733	3.1613	3.1503
9	3.1025	3.0729	3.0475	3.0255	3.0061	2.9890	2.9737	2.9600	2.9477	2.9365
10	2.9430	2.9130	2.8872	2.8647	2.8450	2.8276	2.8120	2.7980	2.7854	2.7740
11	2.8179	2.7876	2.7614	2.7386	2.7186	2.7009	2.6851	2.6709	2.6581	2.6464
12	2.7173	2.6866	2.6602	2.6371	2.6169	2.5989	2.5828	2.5684	2.5554	2.5436
13	2.6347	2.6037	2.5769	2.5536	2.5331	2.5149	2.4987	2.4841	2.4709	2.4589
14	2.5655	2.5342	2.5073	2.4837	2.4630	2.4446	2.4282	2.4134	2.4000	2.3879
15	2.5068	2.4753	2.4481	2.4244	2.4034	2.3849	2.3683	2.3533	2.3398	2.3275
16	2.4564	2.4247	2.3973	2.3733	2.3522	2.3335	2.3167	2.3016	2.2880	2.2756
17	2.4126	2.3807	2.3531	2.3290	2.3077	2.2888	2.2719	2.2567	2.2429	2.2304
18	2.3742	2.3421	2.3143	2.2900	2.2686	2.2496	2.2325	2.2172	2.2033	2.1906
19	2.3402	2.3080	2.2800	2.2556	2.2341	2.2149	2.1977	2.1823	2.1683	2.1555
20	2.3100	2.2776	2.2495	2.2250	2.2033	2.1840	2.1667	2.1511	2.1370	2.1242
21	2.2829	2.2504	2.2222	2.1975	2.1757	2.1563	2.1389	2.1232	2.1090	2.0960
22	2.2585	2.2258	2.1975	2.1727	2.1508	2.1313	2.1138	2.0980	2.0837	2.0707
23	2.2364	2.2036	2.1752	2.1502	2.1282	2.1086	2.0910	2.0751	2.0608	2.0476
24	2.2163	2.1834	2.1548	2.1298	2.1077	2.0880	2.0703	2.0543	2.0399	2.0267
25	2.1979	2.1649	2.1362	2.1111	2.0889	2.0691	2.0513	2.0353	2.0207	2.0075
26	2.1811	2.1479	2.1192	2.0939	2.0716	2.0518	2.0339	2.0178	2.0032	1.9898
27	2.1655	2.1323	2.1035	2.0781	2.0558	2.0358	2.0179	2.0017	1.9870	1.9736
28	2.1512	2.1179	2.0889	2.0635	2.0411	2.0210	2.0030	1.9868	1.9720	1.9586
29	2.1379	2.1045	2.0755	2.0500	2.0275	2.0073	1.9893	1.9730	1.9581	1.9446
30	2.1256	2.0921	2.0630	2.0374	2.0148	1.9946	1.9765	1.9601	1.9452	1.9317

索 引

● あ行

一次元データ	8
上側確率	39
上側 p％点	38
F 検定	197
F 分布	174

● か行

回帰	64
回帰直線	64
階級	13
階級値	13
階級幅	13
χ^2 検定	197
χ^2 分布	165
確率密度	36
確率密度関数	36
確率分布	36
確率変数	36
仮説検定	124
片側確率	39
片側検定	137
棄却域	127
記述統計	7
帰無仮説	124
共分散	58
区間推定	87, 91, 99
繰り返しのある二元配置	203
決定係数	72

● さ行

最小二乗法	67
最頻値	18
残差	66
残差平方和	67
散布図	51
下側確率	39
質的データ	11
四分位数	20
重回帰	77
自由度	89
信頼区間	91
信頼係数	91
推測	85
推測統計	7
推定	86
正規分布	36
正の相関	53
説明変数	65
線形回帰	75
相関	53
…負の―	53
…正の―	53
相関係数	60
相対度数	33

● た行

第一四分位数	20
第一種の過誤	139
第三四分位数	20
大数の法則	114
第二種の過誤	139

対立仮説	124	分散	27
多次元データ	9	分散分析	195
多重共線性	77	…一元配置の―	203
多変量解析	80	…二元配置の―	203
中央値	18	分布	33
中心極限定理	114	平均（値）	19
t 検定	136	偏差	25
t 値	79	偏差積	56
t 分布	103, 105, 108	偏差値	47
適合度の検定	182	偏差平方和	27
点推定	86	変動	27
統計量	93	ポアソン分布	121
独立性の検定	188	母集団	82, 88
度数	13	母数	88
度数分布表	12	母比率	116
		母分散	89
		母平均	88

● な行

二項分布	116
二次元データ	9
ノン・パラメトリック検定	187

● ま行

ミーン	19
無作為抽出法	83
無相関	53
メディアン	18
モード	18
目的変数	65

● は行

パーセント点	38
箱ヒゲ図	20
パラメトリック検定	187
範囲	23
p 値	80
ヒストグラム	15
非線形回帰	75
標準化	45
標準正規分布	37
標準偏差	30
標本	82
標本不偏分散	89
標本分布	93
不偏分散	89

● や行

有意水準	127

● ら行

離散データ	11
両側確率	39
両側検定	137
量的データ	10
レンジ	23
連続データ	11

著者プロフィール

高橋麻奈（たかはし まな）

1971年東京都生まれ。1995年東京大学経済学部卒業。出版社に勤務の後、テクニカルライターとして独立。主な著書に『やさしいJava』『やさしいC』『やさしいPHP』『やさしい基本情報技術者講座』（以上、SBクリエイティブ）、『親切ガイドで迷わない 大学の微分積分』（技術評論社）などがある。

> 本書へのご意見、ご感想は、以下のあて先で、書面またはFAXにてお受けい
> たします。電話でのお問い合わせにはお答えいたしかねますので、あらかじ
> めご了承ください。
>
> 〒162-0846　東京都新宿区市谷左内町21-13
> 株式会社技術評論社　書籍編集部
> 『親切ガイドで迷わない 統計学』係
> FAX：03-3267-2271

- ブックデザイン　小川 純（オガワデザイン）
- カバー・本文イラスト　シライシユウコ
- 本文DTP　BUCH⁺

親切ガイドで迷わない 統計学

2015年6月30日　初版　第1刷発行

著　者　高橋 麻奈
発行者　片岡 巌
発行所　株式会社技術評論社
　　　　東京都新宿区市谷左内町21-13
　　　　電話　03-3513-6150　販売促進部
　　　　　　　03-3267-2270　書籍編集部
印刷／製本　昭和情報プロセス株式会社

定価はカバーに表示してあります。

本の一部または全部を著作権の定める範囲を超え、無断で複写、複製、転載、テープ化、あるいはファイルに落とすことを禁じます。
造本には細心の注意を払っておりますが、万一、乱丁（ページの乱れ）や落丁（ページの抜け）がございましたら、小社販売促進部までお送りください。
送料小社負担にてお取り替えいたします。

©2015　高橋 麻奈
ISBN978-4-7741-7414-3 C3041
Printed in Japan